基于 NI ELVIS 的自动控制基础实验教程

赵伟瑞◎编著

PRACTICE OF AUTOMATIC
CONTROL PRINCIPLE ON NI ELVIS

北京理工大学出版社
BEIJING INSTITUTE OF TECHNOLOGY PRESS

内 容 简 介

本书作为在虚拟仪器构建的平台上进行自动控制基础实验与实践的教材，内容涵盖了 LabVIEW 编程基础、数据采集和信号分析、基于 LabVIEW 的 NI ELVIS 虚拟仪器教学实验套件的基本概念、硬件构成、NI ELVIS 的软件编程、实验设计方法，并密切配合自动控制基础的课程内容及课程对象的专业要求，精心设计了 16 个基于 NI ELVIS 的实验。书中的实验具有软硬件结合、涉及课程范围广（模拟和数字电子技术、信号处理、光电传感器技术等）、综合性强的特点。教材图文并茂，便于读者学习使用。本教材可作为高等院校信息类各专业、测控技术与仪器专业大专、本科、研究生的实践教学、实验教材或教学参考书，也可作为其他相关领域理工科学生和工程技术人员的实践参考书。

图书在版编目（CIP）数据

基于 NI ELVIS 的自动控制基础实验教程／赵伟瑞编著．－－北京：北京理工大学出版社，2022.1
ISBN 978 - 7 - 5763 - 0827 - 3

Ⅰ．①基… Ⅱ．①赵… Ⅲ．①虚拟仪表—自动控制理论—实验—教材 Ⅳ．①TH86

中国版本图书馆 CIP 数据核字（2022）第 006791 号

出版发行／北京理工大学出版社有限责任公司
社　　址／北京市海淀区中关村南大街 5 号
邮　　编／100081
电　　话／（010）68914775（总编室）
　　　　　（010）82562903（教材售后服务热线）
　　　　　（010）68944723（其他图书服务热线）
网　　址／http：//www.bitpress.com.cn
经　　销／全国各地新华书店
印　　刷／保定市中画美凯印刷有限公司
开　　本／787 毫米×1092 毫米　1/16
印　　张／14.25
字　　数／356 千字
版　　次／2022 年 1 月第 1 版　2022 年 1 月第 1 次印刷
定　　价／68.00 元

责任编辑／刘　派
文案编辑／李丁一
责任校对／周瑞红
责任印制／李志强

目　录
CONTENTS

绪论 ………………………………………………………………………………… 001

第一篇　LabVIEW 基础

第1章　LabVIEW 概述 ……………………………………………………… 007
1.1　什么是 LabVIEW …………………………………………………………… 007
1.2　LabVIEW 的应用 …………………………………………………………… 007
　1.2.1　测试测量 ………………………………………………………………… 008
　1.2.2　控制 ……………………………………………………………………… 008
　1.2.3　仿真 ……………………………………………………………………… 008
　1.2.4　高校教学与实验 ………………………………………………………… 008
　1.2.5　跨平台 …………………………………………………………………… 008
　1.2.6　丰富的学习资源 ………………………………………………………… 008
1.3　LabVIEW 的界面 …………………………………………………………… 008

第2章　LabVIEW 开发环境 ………………………………………………… 010
2.1　创建一个 VI ………………………………………………………………… 010
2.2　LabVIEW 的操作模板 ……………………………………………………… 012
　2.2.1　"工具"选板 …………………………………………………………… 012
　2.2.2　"控件"选板 …………………………………………………………… 013
　2.2.3　"函数"选板 …………………………………………………………… 020
2.3　LabVIEW 的数据类型 ……………………………………………………… 021
2.4　LabVIEW 的初步操作及编程 ……………………………………………… 022
　2.4.1　前面板编辑 ……………………………………………………………… 022

2.4.2　程序框图 ·· 026

2.4.3　程序调试 ·· 028

2.4.4　VI 程序 ··· 029

第 3 章　LabVIEW 中的程序结构 ·············· 032

3.1　程序结构概述 ··· 032

3.2　For 循环 ··· 033

3.3　While 循环 ··· 034

3.4　移位寄存器、反馈节点和变量 ······························ 037

3.4.1　移位寄存器 ·· 037

3.4.2　反馈节点 ·· 038

3.4.3　创建局部变量和全局变量 ······························ 039

3.5　条件结构 ··· 041

3.6　顺序结构 ··· 042

3.7　事件结构 ··· 044

3.7.1　事件 ·· 044

3.7.2　事件结构 ·· 045

3.8　公式节点 ··· 047

第 4 章　数组、矩阵与簇 ······················· 048

4.1　数组 ··· 048

4.1.1　数组的定义 ·· 048

4.1.2　数组的建立 ·· 048

4.1.3　数组函数 ·· 050

4.2　簇 ··· 052

4.2.1　簇的组成 ·· 052

4.2.2　创建簇 ·· 053

4.2.3　簇函数 ·· 055

4.3　矩　　阵 ··· 058

4.3.1　创建矩阵 ·· 058

4.3.2　矩阵函数 ·· 058

4.3.3　线性代数函数 ·· 060

第 5 章　图形显示 ······························· 061

5.1　波形图表和波形图 ··· 061

5.1.1　波形图 ·· 061

5.1.2　波形图表 ·· 062

5.1.3　XY 图 ··· 063

5.1.4　设置图形显示控件的属性 ······························ 064

5.2　强度图和强度图表 ……………………………………………………… 068

5.2.1　强度图 ……………………………………………………………… 068

5.2.2　强度图表 …………………………………………………………… 068

5.3　三维图形 ………………………………………………………………… 069

5.3.1　三维曲面图 ………………………………………………………… 070

5.3.2　三维参数图 ………………………………………………………… 073

5.3.3　三维曲线图 ………………………………………………………… 076

5.3.5　极坐标图显示控件 ………………………………………………… 077

第6章　信号分析与处理 …………………………………………………… 079

6.1　信号分析处理函数 ……………………………………………………… 079

6.1.1　Express VI …………………………………………………………… 079

6.1.2　波形 VI ……………………………………………………………… 081

6.2　测试信号产生 …………………………………………………………… 086

6.2.1　仿真信号产生函数 ………………………………………………… 086

6.2.2　仿真信号 …………………………………………………………… 087

6.2.3　公式波形 VI ………………………………………………………… 089

6.2.4　其他波形生成 VI …………………………………………………… 090

6.3　信号的频率分析 ………………………………………………………… 093

6.3.1　"频谱测量" Express VI ……………………………………………… 093

6.3.2　窗相关 VI …………………………………………………………… 095

6.3.3　FFT 频谱（幅度—相位） …………………………………………… 097

6.3.4　谐波分析及其 LabVIEW 实现——失真测量 Express VI ………… 098

6.4　数字滤波在 LabVIEW 中的应用及软件实现 ………………………… 101

6.4.1　"滤波器" Express VI ………………………………………………… 101

6.4.2　数字 FIR 滤波器 VI ………………………………………………… 103

6.4.3　滤波器相关 VI ……………………………………………………… 104

第二篇　NI ELVIS 平台

第7章　DAQ（数据采集）系统及 NI ELVIS 概述 ……………………… 109

7.1　DAQ 系统 ………………………………………………………………… 109

7.1.1　DAQ 硬件 …………………………………………………………… 109

7.1.2　虚拟仪器 …………………………………………………………… 109

7.2　什么是 NI ELVIS? ……………………………………………………… 110

7.3　NI ELVIS 的硬件和软件 ……………………………………………… 110

7.3.1　NI ELVIS II 的硬件构成 …………………………………………… 110

7.3.2　NI ELVIS 软件 ……………………………………………………… 110

7.4 NI ELVIS 的安装与配置 ………………………………………………………………… 113

7.4.1 运行 NI ELVIS 所需要的配置 …………………………………………………… 113

7.4.2 NI ELVIS 设备使用注意事项 …………………………………………………… 113

7.4.3 NI ELVIS 设备的安装 …………………………………………………………… 113

7.4.4 NI ELVIS 设备的测试 …………………………………………………………… 113

第 8 章　NI ELVIS 教学实验套件硬件概述 …………………………………………… 117

8.1 NI ELVIS II⁺平台工作站 ……………………………………………………………… 117

8.2 NI ELVIS II + 平台工作站的指示灯、控件及接口 ………………………………… 118

8.2.1 原型实验板状态指示灯 …………………………………………………………… 118

8.2.2 控制器件 …………………………………………………………………………… 119

8.2.3 接线端口 …………………………………………………………………………… 119

8.3 NI ELVIS II⁺原型实验板 ……………………………………………………………… 119

8.3.1 原型实验板电源 …………………………………………………………………… 119

8.3.2 信号描述 …………………………………………………………………………… 119

8.4 连接信号 ………………………………………………………………………………… 122

8.4.1 模拟输出 …………………………………………………………………………… 122

8.4.2 数字万用表（DMM）……………………………………………………………… 123

8.4.3 示波器 ……………………………………………………………………………… 123

8.4.4 模拟输出 …………………………………………………………………………… 123

8.4.5 函数发生器 ………………………………………………………………………… 124

8.4.6 电源 ………………………………………………………………………………… 124

8.4.7 数字输入/输出 …………………………………………………………………… 124

8.4.8 可编程函数界面（PFI）…………………………………………………………… 125

8.4.9 用户自定义 I/O …………………………………………………………………… 125

8.4.10 波特分析仪 ………………………………………………………………………… 125

8.4.11 双线伏安分析仪 …………………………………………………………………… 125

8.4.12 三线伏安分析仪 …………………………………………………………………… 125

8.4.13 计时器/计数器 …………………………………………………………………… 125

第 9 章　NI ELVIS 平台的编程 ………………………………………………………… 126

9.1 NI ELVIS 编程概述 …………………………………………………………………… 126

9.2 使用 NI – DAQmx 对 NI ELVIS 进行编程 ………………………………………… 126

9.2.1 NI – DAQmx ……………………………………………………………………… 126

9.2.2 NI – MAX ………………………………………………………………………… 127

9.2.3 用驱动程序 NI – DAQmx 配置测量通道和任务 ……………………………… 127

9.2.4 DAQmx VI——数据采集函数简介 …………………………………………… 131

9.2.5 DAQmx（数据采集）的属性节点 ……………………………………………… 133

9.2.6 DAQmx（数据采集）的任务状态（逻辑）…………………………………… 134

9.3　使用 API 对 NI ELVIS 进行编程 ·· 134

9.3.1　可调电源（VPS）·· 134

9.3.2　函数发生器（FGEN）···································· 135

9.3.3　数字万用表（DMM）···································· 136

9.3.4　数字输入/输出（DIO）·································· 136

第 10 章　NI ELVIS 基础实验 ··· 138

10.1　实验一　软前置板（SFP）的使用 ··· 138

10.1.1　背景知识 ·· 138

10.1.2　实验步骤 ·· 139

10.2　实验二　元件参数的测量 ·· 140

10.2.1　电阻的测量 ·· 140

10.2.2　二极管的测量 ·· 141

10.2.3　通断测量 ·· 142

10.2.4　电容的测量 ·· 143

10.2.5　电感测量 ·· 144

10.3　实验三　信号分析及输出 ·· 144

10.3.1　函数信号发生器以及示波器的使用 ······················· 145

10.3.2　任意波形发生器的使用 ·································· 148

10.3.3　数字写入器的使用 ······································ 153

10.3.4　数字读取器的使用 ······································ 156

10.3.5　动态信号分析仪和倍频分析仪的使用 ····················· 157

10.4　实验四　基本运算放大器电路的频率响应 ···································· 160

10.4.1　原理 ·· 160

10.4.2　实验步骤 ·· 161

10.5　实验五　NI ELVIS II$^+$ 的编程 ··· 165

10.5.1　原理 ·· 165

10.5.2　在 LabVIEW 中建造一个物理量测量电路 ················· 165

第三篇　基于 NI ELVIS 平台的实验与实践

第 11 章　自动控制基础实验 ··· 171

11.1　典型环节的特性 ·· 171

11.1.1　典型基本环节 ·· 171

11.1.2　时域特性 ·· 173

11.1.3　频域特性 ·· 180

11.1.4　实验六　典型环节的时域特性 ···························· 188

11.1.5　实验七　典型基本环节的频域特性 ························ 189

11.2 线性系统的稳定性 ··· 190

11.2.1 线性系统的稳定性 ·· 190

11.2.2 线性系统的稳态误差 ·· 194

11.2.3 实验八 线性系统的稳定性分析 ······························ 196

11.2.4 实验九 线性系统的稳态误差分析 ···························· 197

11.3 系统校正 ··· 199

11.3.1 系统校正 ··· 199

11.3.2 实验十 系统的超前校正 ····································· 203

11.3.3 实验十一 系统的滞后校正 ··································· 204

11.3.4 实验十二 系统的滞后—超前校正 ···························· 205

第 12 章 设计型实验 ··· 206

12.1 实验十三 实时 PID 控制实验 ····································· 206

12.1.1 实验目的 ··· 206

12.1.2 实验所需的软件前面板（SFP）································ 206

12.1.3 实验所需元器件 ··· 206

12.1.4 实验内容 ··· 206

12.2 实验十四 数字温度计实验 ·· 209

12.2.1 实验目的 ··· 209

12.2.2 实验所需的软件前面板（SFP）································ 210

12.2.3 实验所需元器件 ··· 210

12.2.4 实验内容 ··· 210

12.3 实验十五 自由空间光通信实验 ···································· 212

12.3.1 实验目的 ··· 212

12.3.2 实验所需的软件前面板（SFP）································ 212

12.3.3 实验所需元器件 ··· 212

12.3.4 实验内容 ··· 212

12.4 实验十六 直流电机转速的测量及闭环控制 ························ 216

12.4.1 实验目的 ··· 216

12.4.2 实验所需的软件前面板（SFP）································ 216

12.4.3 实验所需元器件 ··· 216

12.4.4 实验内容 ··· 216

参考文献 ·· 220

绪　　论

自动控制技术可在没有人的直接参与下，利用控制装置，使被控对象的被控量按给定的规律高速、高精度地运行。随着科学技术的发展及各领域的需求，自动控制技术已经广泛应用于交通运输、工农业的生产过程和自动化检测、军事装备自动化、航空航天等多个领域，并且也渗透到人们生活的各个方面。自动控制原理是工科院校重要的技术基础课，通过自动控制基础实验与实践课程，指导学生理论联系实际，在实验中加深对自动控制原理知识点的理解，更好地掌握其内容，因此自动控制基础实验与实践已成为学习自动控制原理的必不可少的环节。

随着计算机和虚拟仪器技术的发展，自动控制原理实验可以通过多种方式实现。一个设计合理、功能完善、使用方便的实验平台对提高实验教学效果起着非常重要的作用。自动控制原理实验可归纳为以下四种实现方式。

1. 基于传统仪器的实验方式

图 1 为基于传统仪器的实验方式示意图，由电源、模拟实验箱、信号发生器、示波器、频谱分析仪等组成。

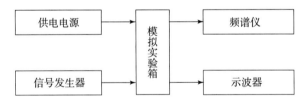

图 1　基于传统仪器的实验方式示意图

采用这种实现方式，学生必须根据实验目的确定实验所需仪器及元器件，正确确定元器件的参数，对实验数据进行处理、分析，最终得到实验结果，这有利于学生熟练掌握各种传统仪器的原理、特点及使用方法。否则，整个实验过程的大部分时间被调试仪器所占用；另外，所用仪器和元器件性能的偏差，使得输入与输出信号间的关系与理论不符，影响实验效果。

2. 计算机半实物仿真的实验方式

随着计算机技术的迅速发展，计算机被用于自动控制原理实验中，图 2 为计算机半实物仿真实验方式示意图，这种实验方式将上述传统的实验方法与计算机技术相结合，不仅使操作更灵活方便、实验内容更丰富、分析手段更科学化，而且还可提高学生的兴趣。

由图 2 可知，实验系统中，由计算机通过串口或 USB 接口与 A/D 和 D/A 板连接，采集模拟实验箱的输出信号以及为模拟实验箱提供输入信号。学生可利用计算机自行编程产生幅

图 2　计算机半实物仿真实验方式示意图

值、频率、极性及初始相位可调的阶跃、斜坡、加速度、正弦、方波、三角、锯齿、随机等多种波形函数，通过 D/A 转换输出给模拟信号箱，为其提供输入信号，实现信号发生器的功能；模拟实验箱的输出信号，经 A/D 转换后，通过串口或 USB 口输入给计算机，可通过编程将计算机连续采集的信号显示在计算机屏幕上，实现示波器的功能，也可对采集的信号进行功率谱密度分析，实现频谱仪的功能；还可利用 VC 软件平台，编写友好的人机操作界面。实验数据可生成数据文件导入 MATLAB 进行分析，在实验时就可将实验结果与理论分析值进行对比，提高了实验效率，明显增强了实验效果。

这种实验方式具有实验方案灵活、便于扩展实验项目等优点，充分发挥了计算机的优势，可激励学生自主开发、设计实验，有利于挖掘学生的创新性。

3. 基于 MATLAB/Simulink 软件的实验方式

MATLAB 是具有强大科学及工程计算功能和丰富的图形显示功能的软件，它将数值分析、矩阵运算、信号和图像处理、系统建模、控制和优化、计算结果和功能可视化等功能集成在一个易于使用的交互式环境中。基于 MATLAB 的控制系统的仿真实验，是用 MATLAB 语言及 Simulink 对系统进行建模、分析与设计的实验方法，能快速、直观地分析连续系统、离散系统、非线性系统的动态性能和稳态性能。MATLAB 的 Simulink 是一个用来对动态系统进行建模、仿真与分析的软件包。Simulink Library Browser 的模块库包括几个子模块库：Continuous（连续时间模型库），Discontinuities（非连续时间模型库），Discrete（离散时间模型库），Math Operations（数学运算模型库），Ports&Subsystems（端口与子系统模型库），Signals Routing（信号路由库），Sinks（输出节点库），Sourses（源节点库），User – Defined Functions（用户定义函数模型库）等，为用户提供了用方框图进行系统建模的图形窗口，将模块中提供的各种标准模块复制到 Simulink 的模型窗口中，可绘制控制系统的动态模型结构图，实现模型的创建。

由于 MATLAB 软件功能强大，内容丰富，因此需专门学习关于 MATLAB 控制理论编程知识。

4. 采用 NI EVILS 平台的实验方式

随着测试仪器的数字化、计算机化的发展，虚拟仪器逐渐取代传统仪器。

2003 年，美国国家仪器公司（National Instruments，NI）推出了基于 LabVIEW（Laboratory Virtual Instrument Engineering Workbench）设计和原型创建的实验装置——NI ELVIS（Educational Laboratory Virtual Instrumentation Suite，ELVIS）虚拟仪器教学实验套件，它是将 LabVIEW 与 NI 的集成数据采集卡（DAQ）相结合、综合应用得到的一个非常好的教学实验产物。它包括软件和硬件两部分：软件包括 LabVIEW 开发环境、NI – DAQ、可以针对 ELVIS 硬件进行程序设计的一系列 LabVIEW API 和一个基于 LabVIEW 设计虚拟仪器软件包；硬件包括一台可运行 LabVIEW 的计算机、一块多功能数据采集卡、一根 68 针电缆或高速

USB 连接线及 NI ELVIS 工作台。图 3 给出了基于 NI ELVIS 平台的虚拟仪器实验套件组成示意图。其中的软件是其最重要的部分，是由 NI 公司研发的 LabVIEW 软件，它与其他计算机语言的主要区别是：计算机语言采用基于文本的语言产生代码，而 LabVIEW 是一种图形化编程语言，产生的程序是框图形式的。LabVIEW 不仅能轻松完成与各种软硬件的连接，还能提供强大的后续实验数据处理功能，方便使用者制定多种数据处理、转换、存储及显示方式。而 NI ELVIS 工作台又集成了许多功能性仪器，如可变电源、波形发生器、波特分析仪、数字万用表、示波器等，实现了教学仪器、数据采集和实验设计的一体化。另外，所配备的 USB 即插即用接口，可实现实验中的轻松安装、维护和移动。利用这种实验套件，学生可在 LabVIEW 环境下，通过编写应用程序，设计或调用特定的程序模块，高效、自主地设计或创建自己的实验方案以及友好的人机交互界面。它不仅适用于理工科实验室内作为常规通用仪器使用，还可以进行电子线路设计、信号处理及控制系统的分析与设计。

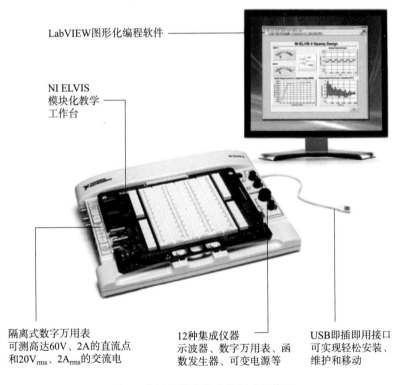

图 3　虚拟仪器实验套件组成示意图

因此，从某种意义上讲，基于 NI ELVIS 平台的实验模式为学生提供了一个充分开放和自由的实验环境，学生可自己设计实验内容，自己去完成某一个具体项目；学生在实验中不再是被动地验证理论知识，而是充分发挥自己的想象力和创造力，从而培养学生的动手能力、创新能力以及综合运用各学科知识的能力。

本书共分为三篇 12 章。

第一篇（第 1 章~第 6 章）介绍了实验中涉及的 LabVIEW 编程基础、数据采集和信号分析方面的知识。

第二篇（第 7 章～第 10 章）系统介绍了 NI ELVIS 教学实验套件的基本概念、硬件组成、ELVIS 的软件编程及实验设计方法，并配以 NI ELVIS 平台的 5 个基础实验。

第三篇（第 11 章和第 12 章）给出了基于 NI ELVIS 的 11 个实验。其中 7 个是自动控制的基础实验。为帮助读者加强对实验过程的理解，各实验前均有相关理论的知识点小节；另外 4 个为设计型实验，给出实验目的和设计思路，由学生根据所学专业知识、依据自控原理和掌握的 LabVIEW 编程方法在 NI ELVIS 实验平台上自行设计实现。

第一篇　LabVIEW 基础

第1章
LabVIEW 概述

1.1　什么是 LabVIEW

　　LabVIEW 是实验室虚拟仪器集成环境（Laboratory Virtual Instrument Engineering Workbench）的简称，是美国国家仪器有限公司（National Instruments，NI）研发的软件产品，又称为 G 语言。与基于文本型程序代码的编程语言不同，LabVIEW 采用图标、连线构成的流程图构建程序代码，尽可能地利用了开发人员所熟悉的术语、图标和概念。因此，它是一个面向最终用户的工具。它结合了图形化编程方式的高性能与灵活性，以及专为测量与自动化控制应用设计的高端性能与配置功能，能为数据采集、仪器控制、测量分析与数据显示等各种应用提供必要的开发工具，因此降低了应用系统开发时间和项目筹建成本，大大提高了工作效率。编程就像是设计电路图一样，使开发人员在很短的时间内即可掌握。

　　LabVIEW 的功能非常强大，可扩展函数库和子程序库的通用程序设计系统，不仅可用于一般的 Windows 桌面应用程序设计，还提供了用于 GPIB 设备控制、VXI 总线控制、串行口设备控制，以及数据分析、显示和存储等应用程序模块，其强大的专用函数库使它非常适合编写用于测试、测量以及工业控制的应用程序。

　　LabVIEW 是一种带有图形控制流结构的数据流模式（Data Flow Mode），确保了程序中的函数节点（Function Mode），只有在获得它的全部数据后才能被执行，即：程序的执行是数据驱动的；而目标的输出，只有当它的功能完全时才是有效的。这样，LabVIEW 中被连接的方框图之间的数据流控制程序的执行顺序，而不像文本程序受到行顺序执行的约束。因而，我们可以通过连接功能方框图快速简洁地开发应用程序，甚至可以多个数据通道同步运行。

　　此外，LabVIEW 提供了专门用于程序开发的工具箱，使用户可以方便地设置断点，动态执行程序来直观数据的传输过程，进行调试。

1.2　LabVIEW 的应用

　　LabVIEW 软件直观的用户界面使得编写和使用虚拟仪器简化且合乎逻辑，因此被广泛应用于各种行业，如高等教育与教学、科学研究领域、自动化控制系统、航空航天、交通运输及汽车等工业领域的测试测量、生产监控、实验与教学以及产品研发等方面。

　　LabVIEW 有很多优点，尤其在某些特殊领域其特点尤其突出。

1.2.1　测试测量

LabVIEW 最初就是为测试测量设计的，因此测试测量是目前 LabVIEW 最广泛的应用领域。经过多年的发展，LabVIEW 在测试测量领域获得了广泛的承认。至今，大多数主流的测试仪器、数据采集设备都拥有专门的 LabVIEW 驱动程序，使用 LabVIEW 可以非常便捷地控制这些硬件设备。

1.2.2　控制

控制与测试是两个相关度非常高的领域，从测试领域起家的 LabVIEW 自然而然地首先拓展至控制领域。LabVIEW 拥有专门用于控制领域的模块——LabVIEW DSC。

1.2.3　仿真

LabVIEW 包含了多种多样的数学运算函数，特别适合进行模拟、仿真、原型设计等工作。在设计机电设备之前，可先在计算机上用 LabVIEW 搭建仿真原型，验证设计的合理性，找到潜在的问题。

1.2.4　高校教学与实验

由于 LabVIEW 容易使用，且具有功能强大的图形化系统设计工具，可将其很好地应用于学习环境中，完成理论教学、实验设计、仿真、系统的原型设计和实现，提升学生的创新能力。

1.2.5　跨平台

由于 LabVIEW 具有良好的平台一致性，因此当同一个程序需要在多个硬件设备上运行时，可优先考虑使用 LabVIEW。LabVIEW 的代码不需任何修改就可运行在常见的三大台式机的 Windows、MacOS 及 Linux 操作系统上。除此之外，LabVIEW 还支持各种实时操作系统和嵌入式设备，比如，常见的 PDA、FPGA 以及运行 VxWorks 和 PharLap 系统的 RT 设备。

1.2.6　丰富的学习资源

LabVIEW 不仅为用户提供了大量的本地帮助资源，还提供了在线学习 LabVIEW 的网络资源。在 NI 的官方网站 http://www.ni.com/zh-cn/shop.html 上也可找到关于 LabVIEW 编程的详尽资料。

1.3　LabVIEW 的界面

在完成 LabVIEW 软件安装后，就可以开始 LabVIEW 编程了。LabVIEW 软件启动后的界面如图 1-1 所示。在此界面中，利用菜单命令可以选择创建新 VI，打开现有 VI 项目、查找范例，打开 LabVIEW 帮助、查看 LabVIEW 的信息和学习资源，进入 NI 社区进行提问、交流和学习，单击超链接"查找驱动程序和附加软件"，在弹出的界面中可获得"查找 NI 设备驱动程序""连接仪器""查找 LabVIEW 附加软件"的功能选项。

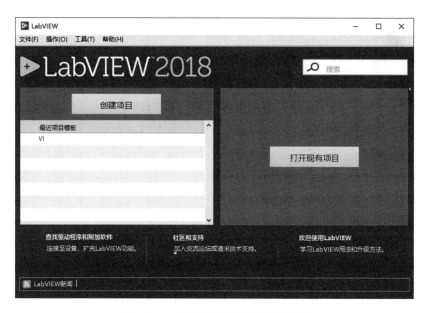

图 1 - 1　LabVIEW 软件启动后的界面

第 2 章
LabVIEW 开发环境

2.1　创建一个 VI

单击图 1 - 1 的"创建项目"，弹出图 2 - 1 所示窗口。该窗口分为左右两部分，可以创建多种 LabVIEW 文件。一般划分为三种类型的文件，分别是 VI、项目和其他文件。其中，新建 VI 是常用功能，若选择"VI"、再点击"完成"，或直接点击图 1 - 1 中"最近项目模板"的"VI"，一个 VI 程序就新建完成了。如果选择 VI，将创建一个空的 VI，VI 中的所有空间均需用户自行添加；若选择基于模板，则可以有很多程序模板供用户选择使用。

图 2 - 1　LabVIEW 软件的"创建项目"界面

新建的 VI 包括前面板（Front Panel）和程序框图（Block Diagram）两部分，其界面如图 2 − 2 所示。在弹出新 VI 界面的同时，也会看到图 2 − 2 中右侧部分所示的"控件"模板。

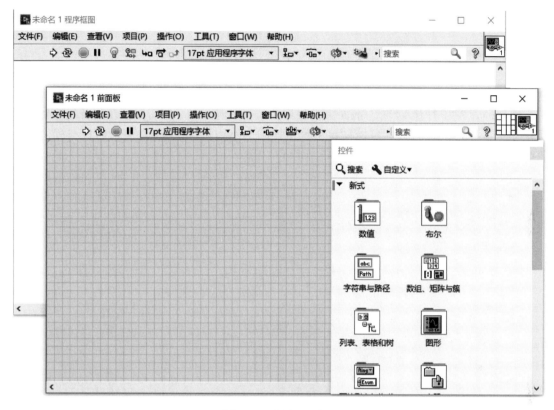

图 2 − 2　新建 VI 窗口

VI 前面板是图形用户界面，是设计者与用户交互的界面，是 VI 的虚拟仪器面板，含有用户输入和输出两类对象，比如开关、旋钮、图形及其他控制和显示。在前面板上设计者可以在程序中引入指示器和控制器，以及可视化程序运行给出的结果。前面板的底色默认为灰色。前面板窗口工具栏的图标及功能如表 2 − 1 所示。

表 2 − 1　前面板窗口工具栏的图标及功能

图标	⇨	⟳	⬤	❚❚	17pt 应用程序字体 ▼	⬚▾	⬚▾	⬚▾	⬚▾	⬚⬚
功能	运行	连续运行	停止	暂停/继续	格式设置	对齐	分布	调整	重新排序	连接口/图标

VI 的程序框图为 VI 的图形化程序的源代码，在此窗口中进行 VI 编程，对定义在前面板上的输入和输出功能进行控制。程序框图上的编程元素包括与前面板对应的控制器和指示器的连线端子、相应的功能函数、子 VI、结构框图、各种常量以及将它们相互连接的连线等。程序框图窗口的工具栏与前面板的相比，增加了四个调试按钮，其图标及功能如表 2 − 2 所示。单击"高亮执行"按钮，可以动画演示 VI 框图的执行情况，执行到的节点将以高亮方式显示，可观察到执行过程中的数据流情况，使用户了解程序的运行过程，也方便确定程序中的错误位

置。"单步执行"可实现一个节点接着一个节点地执行程序框图，"单步步过"按钮可执行与某个节点对应的结构或子 VI，单击"单步步出"按钮，完成框图节点的执行。

表 2 - 2　程序框图窗口增加的四个调试按钮

图标				
功能	高亮显示程序执行过程	单步执行	单步步过	单步步出

在 LabVIEW 中打开 VI 时，前面板必须打开，程序框图不一定需要打开。若程序框图处于关闭状态，使用 Ctrl + E 即可恢复显示程序框图。使用 Ctrl + T 可以使前面板与程序框图呈平铺显示，方便进行操作，如图 2 - 3 所示。

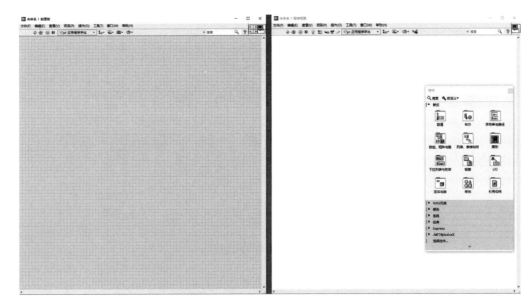

图 2 - 3　平铺显示的前面板和程序框图

2.2　LabVIEW 的操作模板

LabVIEW 提供的操作模板含有"工具"选板、"控件"选板和"函数"选板，它体现了该软件的功能和特征。

2.2.1　"工具"选板

"工具"选板用于创建、修改 LabVIEW 中的对象，并可对 VI 程序进行调试。在前面板和程序框图中均可看到"工具"选板，按住 Shift 键、同时单击鼠标右键，"工具"选板即可在光标所在的位置出现。选板上的每个工具都对应光标的一种操作模式，设计者可选择适当的工具对前面板和程序框图中的对象进行操作和修改。

LabVIEW 2018 的"工具"选板如图 2 - 4 所示，"工具"选板图

图 2 - 4　"工具"选板

标及其功能如表 2 – 3 所示。

表 2 – 3　"工具"选板图标及其功能

图标	名称	功能
	自动选择工具	当光标移到前面板或程序框图的对象上时，LabVIEW 将从工具选板中自动选择相应的工具
	操作值工具	改变控件值
	定位/调整大小/选择工具	定位、选择或改变对象大小
	编辑文本工具	用于输入标签文本或创建标签
	连线工具	用于在后面板中连接两个对象的数据端口
	对象快捷菜单工具	用该工具单击某对象时，会弹出该对象的快捷菜单
	滚动窗口工具	无须滚动条即可自由滚动整个图形
	设置/清除断点工具	在调试程序过程中设置断点
	探针数据工具	在代码中加入探针，用于调试程序过程中监视数据的变化
	获取颜色工具	从当前窗口中提取颜色
	设置颜色工具	用于设置窗口中对象的前景色和背景色

2.2.2　"控件"选板

"控件"选板位于前面板，由创建前面板所需的输入控件和显示控件等组成。根据不同输入控件和显示控件的类型，将控件归入不同的子选板。

如需显示"控件"选板，选择菜单栏中的"查看"→"控件选板"命令或在前面板活动窗口中单击鼠标右键即可。

"控件"选板中提供了用来创建前面板对象的各种控制量和显示量，是用户设计前面板的工具。LabVIEW2018 版的"控件"选板如图 2 – 5 所示，包含了所有的输入控件和显示控件。若"控件"选板左上角有图钉按钮，如图 2 – 6 所示，则当前"控件"选板呈松动状态，点击左上角图钉按钮可将选板固定。在松动状态下通过按 Esc 键或在前面板绘图区域空白处点击鼠标左键、在固定状态下点击右上角都可关闭"控件"选板。

图 2-5 "控件"选板

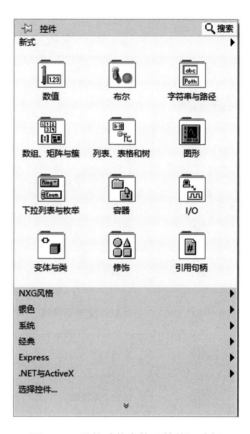

图 2-6 呈松动状态的"控件"选板

2.2.2.1 控件样式

LabVIEW2018 版包括新式、NXG 风格、银色、系统、经典、Express 及 NET 与 ActiveX 等固定控件，还包括自定义控件。在"控件"选板中，按照所属类别，控制量和显示量被分门别类地安排在不同的子选板中。单击图标可弹出该图标下的子模板。

（1）新式控件。图 2-5 是单击"新式"控件后的显示结果，相关子模板的功能如表 2-4 所示。

表 2-4　新式控件子模板图标及功能

图标	子模板名称	功能
	数值	数值的控制和显示，包含数字式、指针式显示表盘及各种输入框
	布尔	逻辑数值的控制和显示，包含各种布尔开关、按钮及指示灯等
	字符串和路径	字符串和路径的控制和显示
	数据、矩阵和簇	数据、矩阵和簇的控制和显示

图标	子模板名称	功能
	列表、表格和树	列表、表格和树控制和显示
	图形	显示数据结果的趋势图和曲线图
	下拉列表与枚举	下拉列表与枚举的控制和显示
	容器	用于组合输入控件和显示控件，或用于显示当前 VI 之外的其他 VI 的前面板
	I/O 输入/输出	用于操作 OLE、ActiveX 等功能
	变体与类	变体数据类型是 LabVIEW 中多种数据类型的容器。通过创建 LabVIEW 类，可在 LabVIEW 中创建用户定义的数据类型。LabVIEW 类定义了对象相关的数据及可对数据执行的操作
	修饰	用于给前面板进行修饰的各种图形对象
	引用句柄	使用位于引用句柄各经典引用句柄选板上的控件可对文件、目录、设备和网络连接进行操作。引用句柄是一个打开对象的临时指针

（2）NXG 风格控件。点击图 2-5 中的"NXG 风格"，即可看到其所含的子控件，它们是：数值，布尔，字符串与路径，数组、矩阵与簇，列表、表格和树，图形，下拉列表与枚举，选项卡控件波形及修饰，涵盖了 LabVIEW 编程常用的大部分控件。

（3）银色控件。点击图 2-5 中的"银色"，即可看到其所含的子控件，它们是：数值，布尔，字符串与路径，数组、矩阵与簇，列表、表格和树，图形，下拉列表与枚举，修饰及 I/O。银色控件选板上的控件外观更为精致，界面更为美观。

（4）系统控件。点击图 2-5 中的"系统"，即可看到其所含的子控件——是专为用户在创建对话框中使用而设计的，包括：下拉列表与枚举控件，数值滑动杆，进度条、滚动条，列表框、表格，字符串与路径控件、选项卡控件、图形控件，按钮、复选框、单选按钮和自动匹配对象背景色的不透明标签。

（5）经典控件。点击图 2-5 中的"经典"，即可看到其所含的子控件，它们是：经典数值，经典布尔，经典字符串及路径，经典数组、矩阵与簇，经典列表、表格和树，经典图形，经典下拉列表与枚举，经典容器，经典 I/O 及经典引用句柄。适用于创建在 256 色和 16 色显示器上的 VI。

2.2.2.2　控件分类

控件选板中的每一个图标代表一类子选板，包括：数值型控件，布尔型控件和单选按钮，字符串与路径控件，数组、矩阵和簇控件，列表框、表格和树形控件，图形和图表控件，下拉列表和枚举控件，容器控件，I/O 控件，修饰控件，对象和应用程序引用控件。其中，在实验中最常用的控件是数值型控件和布尔型控件，下面就这两类控件进行介绍。

（1）数值型控件。

数值型控件用于完成参数设置和结果显示。新式、NXG 风格、银色、系统及经典控件选板上的数值对象可用于创建滑动杆、滚动条、旋钮、转盘和数值显示框。图 2 – 7 给出了 LabVIEW 2018 版的新式和经典的数值型控件选板。

（a）　　　　　　　　　　　　　　　　　　　（b）

图 2 – 7　数值型"控件"选板

（a）新式控件选板；（b）经典控件选板

①数值控件。数值控件是输入和显示数值型数据的最简单方式。这些前面板对象可在水平方向调整大小以显示更多位数。默认状态下，数值控件一般最多显示六位，多于六位后将转换为科学计数法表示。

②滑动杆控件。滑动杆控件是带有刻度的数值对象，包括垂直和水平滑动杆、液罐及温度计。改变滑动杆控件的值有两种方式：借助操作工具单击或拖拽滑块至新位置，或是在数字显示框中输入新的数字。

另外，滑动杆控件还可显示多个值。鼠标右键单击该对象，在弹出的快捷菜单中选择添加滑块，可添加多个滑块，带有多个滑块的控件的数据类型为包含各个数值的簇。

③滚动条控件。滚动条控件是用于滚动数据的数值对象，有水平滚动条和垂直滚动条两种。使用操作工具单击或拖曳滑块至一个新的位置，单击递增和递减箭头，或单击滑块和箭头之间的控件都可改变滚动条的值。

④旋转型控件。旋转型控件包括旋钮、转盘、量表和仪表。旋转型对象的操作与滑动杆控件相似，都是带有刻度的数值对象。使用操作工具单击或拖曳指针至一个新的位置，或在数字显示框中输入新数据均可改变旋转型控件的值。

⑤时间标识控件。时间标识控件用于向程序框图发送或从程序框图获取时间和日期值。

（2）布尔型控件。

新式、NXG 风格、银色、系统及经典控件选板上的布尔型控件用于创建按钮、开关及指示灯按键等。控件的值只能是 TURE 和 FALSE。例如，对温度进行监控时，可在前面板上设置指示灯，当温度超过设定值时，可发出报警。图 2 - 8 给出了 LabVIEW 2018 版的新式和经典的布尔型控件选板。

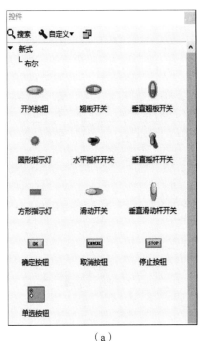

（a）

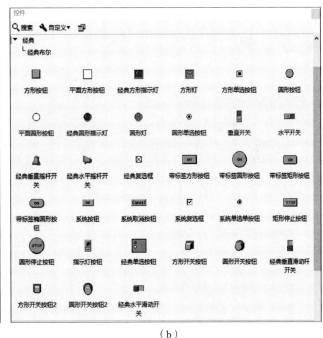

（b）

图 2 - 8　布尔型"控件"选板

（a）新式控件选板；（b）经典控件选板

2.2.2.3　控件属性设置

对前面板的设计主要是编辑前面板控件和设置前面板控件的属性。不同类型的控件具有不同的属性，在此介绍设置数值型控件和布尔型控件属性的方法。

（1）数值型控件属性设置。

数值型控件中的每个控件除了具有各自的独特属性，还有着许多共有属性。数值型控件的常用属性有以下三个：

①标签：用于注释控件的类型和名称。

②标题：控件的标题，通常与标签相同。

③数字显示：用数字形式显示控件所表达的数据。

图 2 - 9 给出了仪表控件的标签、标题及数字显示属性。在该图标上单击鼠标右键即可弹出图 2 - 10 所示的快捷

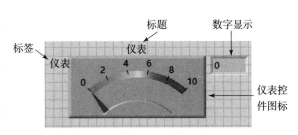

图 2 - 9　仪表控件的基本属性

菜单，选择其中的"显示项"，在弹出的子菜单中选择"标签""标题"和"数字显示"命令。图2-9是仪表为例的数值型控件的属性快捷菜单。

（2）布尔型控件属性设置。

布尔型控件是 LabVIEW 中用得较多的控件，一般作为控制程序运行状态的显示等。

布尔型控件的属性的设置方式与数值型控件的十分相似，在前面板窗口中放置一个布尔型控件，然后鼠标右键单击该控件，即可弹出如图2-11所示的快捷菜单；然后再点击"属性"，可得如图2-12所示的布尔型控件属性对话框。对话框中有两个常用选项卡，分别为"外观"和"操作"选项卡。

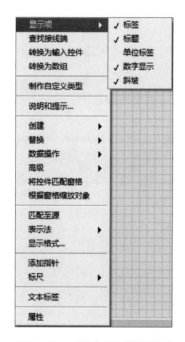

图 2 - 10　以仪表为例的数值型
控件的属性快捷菜单

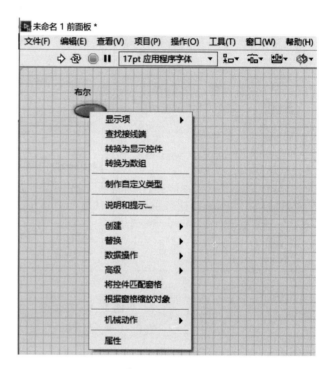

图 2 - 11　布尔型控件的属性快捷菜单

"外观"选项卡可用于调整开关或按钮的颜色等外观参数。布尔型控件可以用文字的方式在控件上显示其状态。例如，没有显示开关状态的按钮为 ⬭ ，显示了开关状态的按钮为 ⬭关 。如果要显示开关的状态，只需在布尔型控件的属性对话框中选择"外观"选项卡，再选中"显示布尔文本"复选框，或者右击控件，在弹出的快捷菜单中选择"显示项"→"布尔文本"命令即可。

"操作"选项卡是布尔型控件所特有的，可用于设置按钮或者开关的机械动作类型，布尔型输入控件有六种机械动作，它们是：单击时转换、释放时转换、保持转换直到释放、单击时触发、释放时触发、保持触发直到释放，如图2-13所示，用户可在此设置按钮的机械动作类型。对每种动作类型都有相应的说明，并可以预览开关的动作效果以及开关的状态。

图 2-12 布尔型控件属性对话框

图 2-13 布尔型控件机械动作选板

2.2.3 "函数"选板

"函数"选板仅存在于程序框图中，只有在打开程序框图窗口才会出现，主要用于创建流程图。"函数"选板中包含创建程序框图所需的 VI 和函数，按照 VI 和函数的类型，将其归入不同的子选板中。

若函数选板不出现，可以右击程序框图窗口的空白处，可弹出"函数"选板；也可选择菜单栏中的"查看"→"函数选板"命令，调出"函数"选板。如图 2-14 所示，"函数"选板包含"编程""测量 I/O""仪器 I/O""数学""信号处理""数据通信""互联接口""控制和仿真"等几大类。其中，"编程"类 VI 和函数是创建 VI 的基本工具。"编程"类子模板的功能如表 2-5 所示。

图 2-14 "函数"选板

表 2-5 "编程"类子模板图标及功能

图标	子模板名称	功能
	结构	包括程序控制结构命令，以及全局变量和局部变量
	数组	包括数组运算函数、数组转换函数，以及常数数组等
	簇、类与变体	包括簇、类和变体 VI/函数的创建、簇和 LabVIEW 类的操作。将 LabVIEW 数据转换为独立于数据类型的格式，为数据添加属性，以及将变体数据转换为 LabVIEW 数据
	数值	各种常用的数值运算，还包括数制转换、三角函数、对数、复数等运算，以及各种数值常数
	布尔	各种逻辑运算符以及布尔常数
	字符串	各种字符串操作函数、数值与字符串之间的转换函数，以及字符（串）常数等
	比较	各种比较运算函数，如大于、小于、等于
	定时	延时、等待等用于控制执行速度的函数，也包括可获取基于计算机时钟的时间和日期的函数

图标	子模板名称	功能
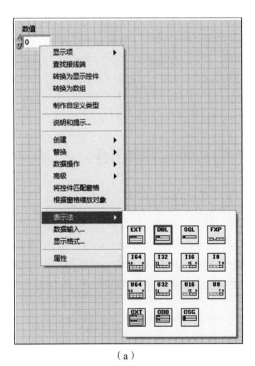	对话框和用户界面	用于创建提示用户操作的对话框窗口和出错处理函数等
	文件 I/O	处理文件输入/输出的程序和函数
	波形	各种波形处理工具
	应用程序控制	包括动态调用 VI、标准可执行程序的功能函数
	同步	同步 VI 和函数用于同步并执行的任务，并在并行任务间传递数据
	图形与声音	用于创建自定义的显示、从图片文件导入导出数据以及播放声音等功能的模块
	报表生成	用于 LabVIEW 应用程序中报表的创建及相关操作，也可使用该选板中的 VI 在书签位置插入文本、标签和图形

2.3　LabVIEW 的数据类型

对于前面板的控制和指示两类控件，在 VI 的程序框图中都有与之对应的数据端口，这些数据端口有着不同的数据类型。数值型控件的数据结构有 15 种，选中数值型控件，单击鼠标右键弹出快捷菜单，选择"表示法"，即可显示如图 2 – 15 所示的数据类型，可进行不

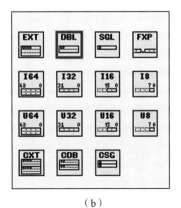

（a）　　　　　　　　　　　　　　（b）

图 2 – 15　数据类型

（a）选择方法；（b）数据类型

同类型的切换选择。表 2 - 6 给出了不同的数值数据类型。不同类型的数值不能进行计算，在程序设计中，需要根据不同的需求，选择对应的转换函数，进行数据类型转换。

表 2 - 6 数值数据类型

端口图标	数据类型	存储位数	数值范围
SGL	单精度浮点数	32	最小整数 1.40e - 45，最大正数 3.40e + 38，（绝对值）最小负数 - 1.4e - 45，（绝对值）最大负数 - 3.40e + 38
DBL	双精度浮点数	64	最小整数 4.94e - 324，最大正数 1.79e + 308，（绝对值）最小负数 - 4.94e - 324，（绝对值）最大负数 - 1.97e + 308
EXT	扩展精度浮点数	128	最小整数 6.48e - 4966，最大正数 1.19e + 4966，（绝对值）最大负数 - 1.19e + 4932
CSG	单精度浮点复数	64	实部和虚部分别与单精度浮点数相同
CDB	双精度浮点复数	128	实部和虚部分别与双精度浮点数相同
CXT	扩展精度浮点复数	256	实部和虚部分别与扩展精度浮点数相同
I8	带符号字节整数	8	- 128 ~ 127
I16	带符号字整数	16	- 32768 ~ 32767
I32	带符号长整数	32	- 2147483648 ~ 2147483627
U8	无符号字节整数	8	0 ~ 255
U16	无符号字整数	16	0 ~ 65535
U32	无符号长整数	32	0 ~ 4294967295

2.4 LabVIEW 的初步操作及编程

VI 程序的创建包含三步：创建前面板、设计程序框图和调试程序。

2.4.1 前面板编辑

前面板的编辑应根据实际仪器面板以及要实现的功能来进行。对控件对象的编辑包括：对象的大小，对象的颜色，对象的标签，标题的字体，对象的排列、组合及锁定等。

2.2.4.1 对象的选择与删除

创建一个新的 VI 后，需要对 VI 进行编辑，使 VI 的图形化界面更加美观、易于操作，使程序框图的布局和结构合理，易于修改和理解。

（1）选择对象。

①选择单个对象：用鼠标左键单击要选择的对象即可，如图 2 - 16 所示。

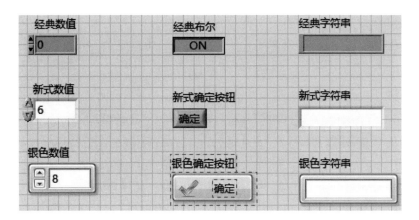

图 2 – 16　选择单个对象

②选择多个对象：按住 Shift 键，用鼠标左键单击多个要选择的对象，如图 2 – 17（a）所示；或在窗口空白处拖动鼠标，将要选择的多个对象包含在拖出的虚线框中，如图 2 – 17（b）所示。

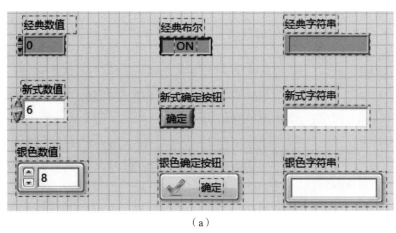

（a）

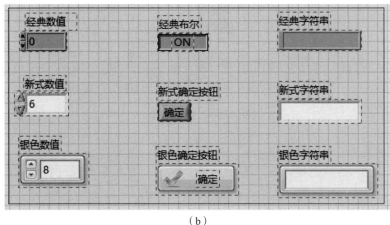

（b）

图 2 – 17　选择多个对象

（a）用鼠标左键单击多个要选择的对象；（b）拖动鼠标选择多个对象

（2）删除对象。

按照上述方法选中对象后，在菜单栏中选择编辑→删除命令，即可删除对象。如，选择图 2 - 16 中的"银色确定按钮"，在执行菜单栏中选择"编辑"→"删除"命令，结果如图 2 - 18 所示。

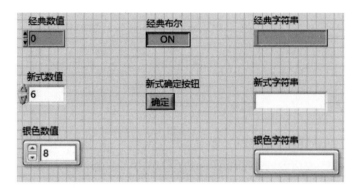

图 2 - 18　删除对象

2.2.4.2　前面板外观设置

LabVIEW 作为基于图形模式的编程语言，提供了丰富的前面板修饰方法，可设计出方便、易用、美观的程序界面。

（1）改变对象位置。

利用"定位/调整大小/选择工具"拖动所选对象到指定位置，在拖动过程中，窗口中将出现红色的虚线框，并实时显示所移动的相对坐标，如图 2 - 19 所示。

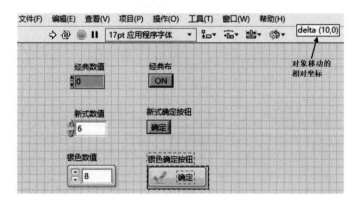

图 2 - 19　移动对象

（2）改变对象大小。

将"定位/调整大小/选择工具"置于对象上时，会显示 8 个尺寸控制点，拖动其中某个尺寸控制点，即可改变对象在该点位置处的尺寸，如图 2 - 20 所示。另外，前面板窗口的工具栏中有"调整对象大小"按钮，单击此按钮，将弹出如图 2 - 21 所示的图形化下拉列表，利用列表中的工具，可设定多个对象的尺寸，如所选对象的最大宽度、最小宽度，最大高度、最小高度，最大宽度、最大高度，最小宽度、最小高度，以及指定的宽度和高度。

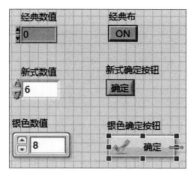

图 2-20　改变对象大小

图 2-21　调整对象大小的下拉列表

（3）改变对象颜色。

前景色和背景色是前面板对象的两个属性，二者的合理搭配可使用户程序增色。前景色和背景色的设置步骤如下：

①在工具选板中选择"设置颜色工具" ，在前面板上点击鼠标右键，弹出图 2-22 所示的设置颜色对话框。

②在设置颜色对话框中选择适当的颜色，再单击程序框图，使程序框图窗口的背景色设置为选定的颜色；同样的，单击前面板的控件，控件也被设置为选定的颜色。

③设置颜色工具的图标中有两个部分重叠的颜色框，分别代表对象的前景色和背景色。单击其中之一，即可在弹出的颜色对话框中为其选择颜色。

④在颜色对话框中，还可单击"更多颜色"按钮，打开 Windows 标准颜色对话框，选择预先设定的各种颜色。

⑤完成颜色选择后，用设置颜色工具单击需要设置颜色的对象，即可实现对象颜色的改变。

（4）设置对象字体。

选中对象后，再点击工具栏中的 17pt 应用程序字体 的下拉列表框中的"字体对话框"，弹出图 2-23 所示的字体设置对话框，可设置对象的字体、大小、颜色、风格及对齐方式。另外，也可在"文本设置"下拉列表中将字体设置为系统默认字体。

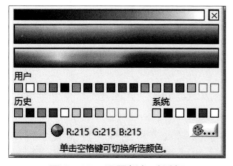

图 2-22　设置颜色对话框

图 2-23　字体设置对话框

（5）在窗口中添加标签。

在图 2–5 所示的工具选板中，单击"文本编辑工具" ![A]，光标变为![口]形状，在窗口空白处单击鼠标，即可在窗口中创建标签，根据需要输入相应的文字、设置字体及颜色等。

（6）对象编辑窗口。

利用自定义控件使控件实现更加逼真的效果。在图 2–24（a）的经典数值控件上，点击鼠标右键即可弹出快捷菜单，选择其中的"高级"→"自定义"命令，打开图 2–24（b）所示的控件编辑窗口，与前面板类似，可对控件进行编辑。单击工具栏中的![按钮]按钮进入编辑状态，控件将由整体转换为单个对象。

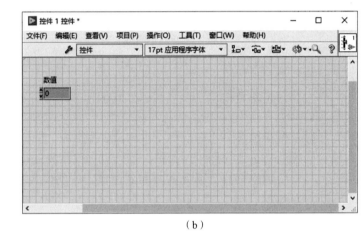

（a）   （b）

图 2–24 对象编辑窗口

（a）经典数值控件；（b）控件编辑窗口

2.4.2 程序框图

程序框图相当于源代码，程序框图的设计主要是用函数模板中的相关函数和程序结构，处理数据及数据端口之间的关系。

2.4.2.1 程序框图

程序框图由节点、接线端和连线三种组件构成。

（1）节点。

节点是程序框图中的对象，具有输入和输出端，在 VI 运行时进行计算，它相当于文本编程语言的语句、函数、子程序及运算符。LabVIEW 包含以下 9 个类型的节点。

①函数：是内置的执行元素，相当于语句和操作符。

②子 VI：相当于子程序。

③Express VI：协助测量任务的子 VI。

④结构：执行控制元素，如条件结构、顺序结构、定时结构、事件结构、For 循环及 While 循环。

⑤公式节点和表达式节点：公式节点可直接向程序框图输入方程结构，且其大小可调；表达式节点用于计算含单变量表达式或方程的结构。

⑥属性节点和调用节点：属性节点用于寻找或设置类的属性的结构；调用节点用于设置对象执行方式的结构。

⑦引用节点：调用动态加载的 VI 的结构。

⑧调用库函数节点：调用大多数标准库或 DLL 的结构。

⑨代码接口节点：调用以文本编程语言编写的代码的结构。

（2）接线端。

表示输入或显示控件的数据类型。程序框图可将前面板的输入/显示控件显示为图标或数据类型接线端。

（3）连线。

①用于实现程序框图中对象间的数据传输。每条数据线只有一个数据源，但可跟多个读取数据的 VI 及函数连接。

②数据类型相同或兼容的两个对象才可用连线相连，否则将出现断线，断开的连线显示为黑色虚线，且中间有个红色"×"；不同数据类型的连线的颜色、粗细及样式均不相同。

2.4.2.2 连线端口

按照定义，与输入控件相关联的连线端口为输入端口。调用子 VI 时，只能向输入端口输入数据，若某一个输入端口未连接数据线，将把与该端口相关联的输入控件中的数据默认值当作该端口的输入数据；与输出控件相关联的连线端口作为输出端口，只能向外输出数据。

用鼠标右键单击前面板工具栏右上角的连线端口，弹出快捷菜单，如图 2-25 所示。选择其中的"添加接线端"和"删除接线端"命令，可逐个完成添加和删除接线端口。也可选择快捷菜单中的"模式"命令，弹出图 2-26 所示的 36 种不同的连线端口。

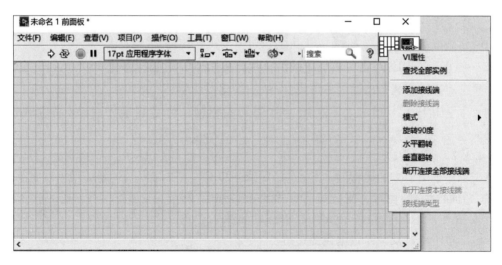

图 2-25 连线端口及快捷菜单

完成连线端口的创建后，即可对前面板中的输入和输出控件与连线端口中输入/输出端口的关联关系进行定义。

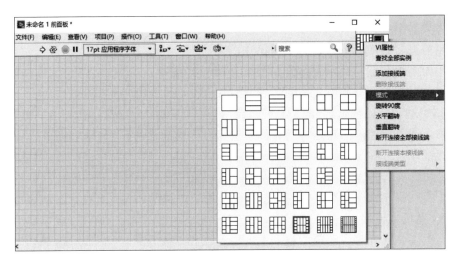

图 2 - 26　36 种连线端口

2.4.3　程序调试

LabVIEW 提供了有效的编程调试环境，通过图形方式访问调试功能。用户可借助加亮执行、单步、断点及探针的方式跟踪经过 VI 的数据流，使 VI 的调试更加容易。

2.4.3.1　运行 VI

（1）VI 运行一次。单击前面板或程序框图窗口工具栏中的运行按钮 ⬦，即可运行 VI。这种运行方式可使 VI 运行一次。在 VI 运行过程中，运行按钮变为 ⬛，表示程序正在运行状态。

（2）连续运行 VI。单击工具栏中的连续运行按钮 ⬤，可使 VI 连续循环运行。在 VI 连续运行时，连续运行按钮变为 ⬛，单击 ⬛ 按钮可停止 VI 的连续运行。

（3）停止运行 VI。单击工具栏中的终止执行按钮 ⬤，可强行停止 VI 的运行。在 VI 处于编辑状态时，终止执行按钮为不可用状态。

（4）暂停运行 VI。单击工具栏中的终止执行按钮 ❚❚，可使 VI 暂停运行，再次单击此按钮，可恢复 VI 的运行。

2.4.3.2　调试 VI

位于程序框图上方的运行调试工具栏如图 2 - 27 所示。除了上面介绍的运行、连续运行、停止运行和暂停运行按钮外，还有亮度显示执行过程、单步执行、单步步出、单步步过及保存数据连线按钮。

调试 VI 时，可设置断点和探针，还可一个节点一个节点地执行，即单步执行，也可选择高亮显示执行方式。

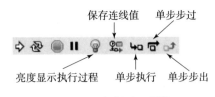

图 2 - 27　运行调试工具栏

单击调试工具栏中的"高亮显示执行过程"按钮时，该按钮变为闪亮的灯泡，指示当前程序执行时的数据流情况，再次单击该按钮可返回正常运行模式。常结合单步执行模式，跟踪程序框图中的数据流传输情况。当使用"高亮显示执行过程"时，VI 的执行时间会大大增加。

2.4.3.3　纠错 VI

如果 VI 程序有错，工具栏中的运行按钮 ⇨ 将显示为一个折断的箭头，单击此按钮可显示错误列表，列出所有的程序错误，选择一个列出的错误项，再单击"显示错误"按钮，即可搜索到错误的源代码。

VI 程序常见的错误有：连接的端口间的数据类型不匹配；应该连接的函数数据端口未连线。

2.4.4　VI 程序

2.4.4.1　编辑子 VI

子 VI 类似于常规程序设计语言中的子程序或函数。在 LabVIEW 中，可把任何一个 VI 当作子 VI 调用。VI 包括前面板、程序框图、图标及连线端口。图标是调用 VI 子程序时在程序框图中所显示的外观，子 VI 利用连线端口与调用它的 VI 交换数据。

创建一个 VI 后，再完成 VI 连线端口的定义，该 VI 就可作为一个子 VI 使用了。

（1）创建子 VI。

子 VI 的创建包括图标编辑和连接端口的定义两部分。

①图标编辑。双击前面板右上角图标 ，即可弹出如图 2-28 所示的图标编辑器对话框。鼠标右击右上角的该图标，在弹出的菜单中选择"编辑"，也可弹出图标编辑器对话框。

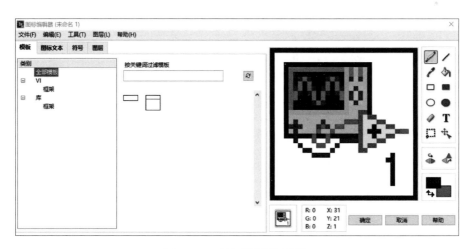

图 2-28　图标编辑器对话框

对话框包括界面左上方给出的"模板""图标文本""符号"及"图层"四个选项卡。其中，可在"模板"选项卡中选择需要的模板，并导入绘图区；在"图标文本"选项卡中可输入文字、符号及所输入文字的字体、颜色和样式；"符号"选项卡中有多种图形符号，可用作图标编辑的基础部件；"图层"选项卡中设置图标的对象图层。

对话框的右侧给出了工具栏，主要包括绘图、布局和颜色三部分。最上面灰色框中给出了绘图工具，共 12 种，用于绘制图形；中部灰色框中的是布局工具，包含水平及垂直翻转两种方式；下面的灰色框中是用于设置所绘制图形颜色的工具。

②连接端口的创建。接线端图标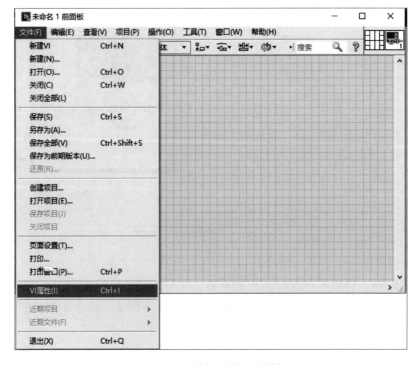在前面板的右上角。连接端口是 VI 程序数据的输入输出接口，第一次打开连线板时，LabVIEW 根据前面板中的输入输出控件建立相应个数的端口，但此时这些端口并没有与输入或显示控件建立关联关系，用户应根据 VI 程序所需要的参数个数，确定连接端口的端口数，并确定前面板上控制器和指示器与这些端口的对应关系。

（2）调用 VI 子程序。

调用 VI 子程序的方法：在"函数"选板中选择"选择 VI"节点，即可弹出"选择需打开的 VI"对话框，选中需要调用的子 VI，再单击"确定"按钮，即可实现 VI 子程序调用。

注意：子 VI 可以调用另一个子 VI，但不能调用自己。

（3）VI 子程序的打开、运行及改变。

双击 VI 子程序的图标即可打开其前面板窗口，然后可以运行或修改子 VI。对子 VI 程序所做的修改只有在存盘后才生效。

在"帮助"菜单下可选择打开文本帮助窗口，将鼠标移到 VI 子程序节点上时，窗口可以显示子程序每个连接端口的连线说明。

2.4.4.2　编辑 VI

完成 VI 创建后，还需对其进行编辑，使 VI 的图形交互式界面易于操作，并获得布局和结构合理的 VI 框图程序。

（1）设置 VI 属性。如图 2 - 29 所示，选择菜单栏中的"文件"→"VI 属性"命令，可弹出如图 2 - 30 所示的 VI 属性对话框，在其中的"类别"下拉列表中选择不同的选项，可设置不同的功能。

图 2 - 29　选择设置 VI 属性

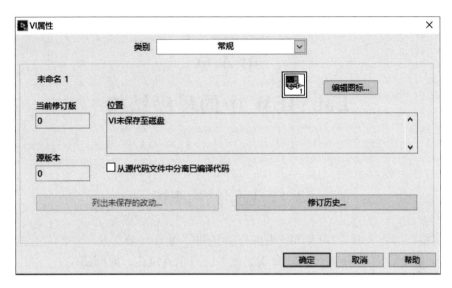

图 2 – 30　VI 属性对话框

（2）使用断点。按住 Shift 键、同时单击鼠标右键，弹出如图 2 – 31 所示的工具选板。在工具选板中将鼠标切换至断点工具状态。单击框图程序中需要设置断点的位置，即可完成此断点的设置。

当程序运行到所设断点时，VI 将自动暂停，且断点处的节点处于闪烁状态，以指示程序暂停的位置。鼠标单击"暂停"按钮，可恢复程序的运行。用断点工具再次单击断点，在弹出的菜单中选择"断点"→"清除断点"命令，即可取消此断点。

（3）使用探针。在工具选板中将鼠标切换至探针状态，单击需要查看的数据连线，在弹出的菜单中选择"探针"命令，即可弹出"探针监视窗口"。当 VI 运行时，若有数据流过该数据连线，对话框会自动显示流过的数据，且在探针处出现一个黄色的内含探针数字编号的小方框。

第 3 章
LabVIEW 中的程序结构

3.1 程序结构概述

与传统编程语言一样，LabVIEW 为操作者提供了循环、分支及顺序结构，包括常用的 for 循环和 while 循环、if 分支和 case 分支，此外还有定式结构、时间结构、公式节点、反馈节点、局部变量、全局变量等结构。程序结构可以在"函数"选板→"编程"→"结构"子分类中看到，如图 3 - 1 所示。

图 3 - 1　LabVIEW 程序框图"函数"选板下的"结构"子分类

3.2　For 循环

For 循环是一种有限、索引的循环结构，如图 3 – 2 所示。用户可以自行拖动调整大小和定位适当的位置。N 是有限终端循环计数器（总线接线端，输入端），i 是计数连接端（输出端）。输入端指定循环次数 N，数据类型为 32 位有符号整数，若输入浮点数，将被四舍五入为最近的整数；若输入 0 或负数，该循环将无法执行并在输入中显示该数据类型默认值。输出端 i 显示当前的循环次数，为 32 位有

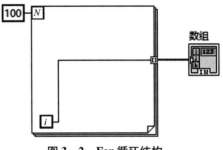

图 3 – 2　For 循环结构

符号整数，默认从 0 开始，依次增加 1，即 $N-1$ 表示的是第 N 次循环。由于 For 循环是索引的，因此输出的所有数据被储存为索引数组。

若 For 循环启用并行循环迭代，循环计数连线端下将显示并行实例（P）连线端。如果通过 For 循环处理大量计算，可以启用并行以提高性能。LabVIEW 可以通过并行循环利用多个处理器提高 For 循环执行速率，但是并行运行的循环必须独立于其他所有循环。通过查找可并行循环结果窗口确定可以并行的 For 循环。如图 3 – 3 所示，右键单击 For 循环外框，在快捷菜单中选择"配置循环并行"命令，可显示"For 循环并行迭代"对话框。

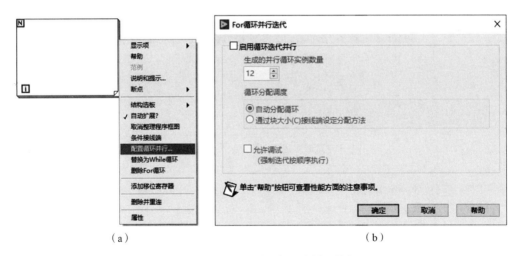

（a）　　　　　　　　　　　　　　　　　　（b）

图 3 – 3　在 For 循环中配置循环并行

（a）弹出菜单；（b）配置对话框

通过"For 循环并行迭代"对话框可设置 LabVIEW 在编译时生成的 For 循环实例数据。如图 3 –4 所示，通过并行实例连线端可以指定运行时的实例数量；若未连线并行实例接线端，LabVIEW 可以确定运行时可用的逻辑处理器数量，同时为 For 循环创建相同数量的循环实例。通过 CPU 信息函数

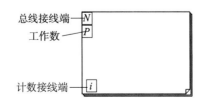

图 3 – 4　配置循环并行 For 循环的输入端与输出端

可以确定计算机包含的可用逻辑处理器数量，但是，可以指定循环实例所在的处理器。该对话框包含以下部分：

（1）启用循环迭代并行：启用 For 循环迭代并行，启用该选项后，循环计数（N）连线端下方将显示并行实例（P）连线端。

（2）生成的并行循环实例数量：确定编译时 LabVIEW 生成的 For 循环实例数量，生成的并行循环实例数量应该等于执行 VI 的逻辑处理器数量。如需在多台计算机上发布 VI，生成的并行循环实例数量应当等于计算机的最大逻辑处理器数量。通过 For 循环的并行实例接线端可以指定运行时的并行实例数量。如连线至并行实例接线端的值大于该对话框中输入的值，LabVIEW 将使用对话框中的值。

（3）允许调试：通过设置循环顺序执行可允许在 For 循环中进行调试，默认状态下，启用"启用循环迭代并行"后将无法进行调试。

在工具菜单中选择"性能分析"→"查找可并行循环"命令，"查找可并行循环结果"对话框中显示了可并行执行的 For 循环，如图 3-5 所示。

图 3-5 "查找可并行循环结果"对话框

3.3 While 循环

While 循环是一种无限非索引的循环结构，只储存在最后一次迭代所获得的数据。图 3-6

为一个使用 While 循环的典型实例，用户可以自行拖动调整大小和定位适当的位置。While 循环无须指定循环次数，只有当满足循环退出条件（输入端接收到某个特定布尔值）时才结束循环。

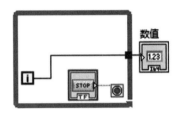

图 3 – 6　While 循环的一个典型实例（输出按下"STOP"按钮后的循环执行次数）

While 循环有两个端子：条件连线端（输入端）和计数连线端（输出端）。计数连线端记录循环已经执行的次数，条件连线端的设置则有以下两种情况：

（1）🔘真（T）时停止——若状态为真（T）时，停止循环体执行。

（2）🔄真（T）时继续——若状态为假（F）时，停止循环体执行。

真（T）时停止或继续，可通过鼠标右键单击框图的条件选择按钮，在下拉菜单中选择。

在程序框图中，通过右键单击 For 循环体，在右键菜单中选择"替换为 While 循环"可以将 For 循环替换为 While 循环。这样，当想从一个正在执行的循环体中跳转出去时，可以通过某种逻辑条件跳出循环；反之，亦可将 While 循环替换为 For 循环。如图 3 – 7 所示。

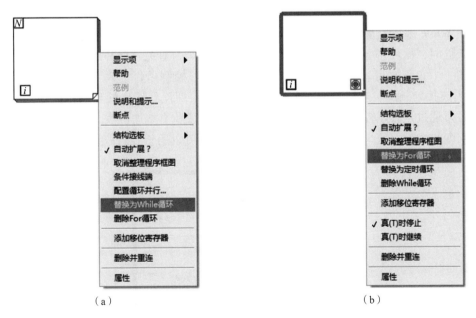

（a）　　　　　　　　　　　　　　　　　（b）

图 3 – 7　For 循环和 While 循环的相互转换

（a）For 循环转换为 While 循环；（b）While 循环替换为 For 循环

While 循环是执行后检查条件端子，而 For 循环是执行之前检查是否符合条件，因此，

While 循环至少执行一次。如果将控制条件接线端子的控件放在 While 循环之外，则根据初值的不同，可能会无限循环，也可能仅执行一次。

LabVIEW 编程属于数据流编程，其基本原理为：只有当某个节点所有的输入端口上的数据均成为有效数据时，该节点才能被执行；当节点程序运行完毕后，它把结果数据送给所有的输出端口，使之成为有效数据，并且数据很快从源端口送到目的端口。

LabVIEW 的循环结构中的"自动索引"使循环体外面的数据成员逐步进入循环体，或循环体内的数据累积成为一个数组后，输出到循环体外。对于 For 循环，自动索引默认打开；对于 While 循环，不可以直接执行，需要在隧道的图标■上单击鼠标右键，在弹出菜单中的"隧道模式"选项中勾选"索引"，启用自动索引，此时，隧道图标变为回，如图 3 – 8 所示。

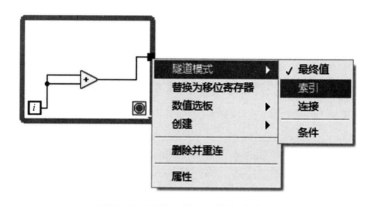

图 3 – 8　While 循环启用自动索引

由于 While 循环先执行再判断条件，将一个真或假常量连接到条件连线端或出现恒为真或假的条件时，循环将会永远执行下去，成为死循环。为避免死循环的发生，在编写程序时最好添加一个布尔变量，与控制条件相"与"后（若控制条件为真（T）时继续，需要再"非"）再连接到条件接线端，如图 3 – 9 所示。这样，即使程序出现逻辑错误导致出现死循环，也可以通过该布尔控件强行结束程序运行，等完成所有程序开发，经检验无误后，可以将该布尔变量去除。窗口工具栏上的停止按钮●同样可以用于强行终止程序的执行。

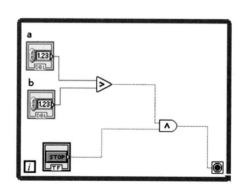

图 3 – 9　在条件接线端前添加一个布尔变量避免出现死循环

3.4　移位寄存器、反馈节点和变量

3.4.1　移位寄存器

移位寄存器是 LabVIEW 的循环结构中的一个附加对象，其功能是把当前循环完成时的某个数据传递给下一个循环开始。移位寄存器的添加可通过在循环结构左边框或右边框弹出的快捷键中选择添加移位寄存器。图 3 – 10（a）和图 3 – 10（b）为在 For 循环中添加移位寄存器的过程以及添加移位寄存器后的程序框图。移位寄存器可以添加多个，以保存多个数据。图 3 – 10（c）所示的程序增加了移位寄存器，每次循环结束后，输出结果为上一次循环输出的结果加上这一次循环的序号 i，6 次循环完成后，输出的结果为 $0+1+2+3+4+5=15$。图 3 – 10（d）所示的程序没有移位寄存器，输出的结果为当前循环序号 i 与 0 之和，若当前循环序号是 5，6 次循环过后，就输出 5。

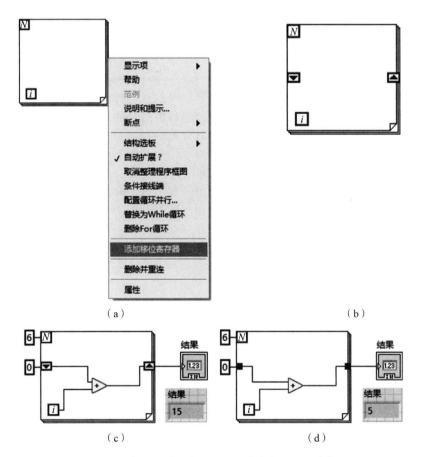

图 3 – 10　在 For 循环中添加移位寄存器以及程序框图
（a）添加移位寄存器的过程；（b）程序框图；（c）增加移位寄存器；（d）不增加移位寄存器

右端子每完成一次循环后存储数据，移位寄存器将上次循环的存储数据在下次循环开始时移动到左端子。移位寄存器可以存储任何数据类型，但连接在同一个寄存器端子上的数据

必须是同一种类型，移位寄存器的类型与第一个连接到其端子之一的对象数据类型相同。

在使用移位寄存器时应注意初始值问题，如果不给移位寄存器指定初始值，则左端子将在对其所在循环调用之间保留数据，当多次调用包含循环结构的子 VI 时，会出现此种情况。需要特别注意，如果对此情况不加考虑，可能会引起错误的程序逻辑。

一般情况下，应为左端子明确提供初始值，但在某些场合，利用这一特性也可以实现比较特殊的程序功能。除非显式初始化移位寄存器，否则当第一次执行程序时，移位寄存器将初始化为移位寄存器相应数据类型的默认值（如布尔值→假，数字类型→0）；但当第二次开始执行时，第一次运行时的值将成为第二次运行时的初始值，以此类推。如图 3 - 11（a）所示，当不给移位寄存器赋予初值时，第一次执行时，输出 2450；再一次执行时，输出 4900，这就是因为左端子在循环调用之间保留了数据。图 3 - 11（b）中的程序框图每次执行时，均输出 2450。

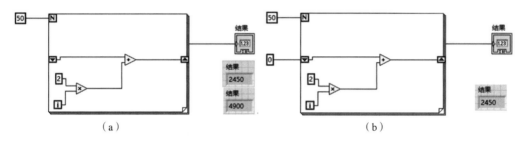

（a）　　　　　　　　　　　　　　　　　　　（b）

图 3 - 11　移位寄存器不赋予初值的情况与显式赋予初值的情况对比

（a）不赋予初值；（b）显式赋予初值

在编写程序时，有时需访问以前多次循环的数据。层叠移位寄存器可以保存以前多次循环的值，并将值传递到下一次循环。创建层叠移位寄存器，可通过鼠标右键单击左侧的连线端并从中选择添加元素来实现，如图 3 - 12 所示。层叠移位寄存器只能位于循环左侧，因为右侧的连线端仅用于把当前循环的数据传递给下一次循环。

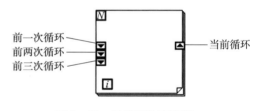

图 3 - 12　层叠移位寄存器

3.4.2　反馈节点

反馈节点与只有一个左端子的移位寄存器的功能相同，用于在两次循环之间传输数据。循环中一旦连线构成反馈，就会自动出现反馈节点箭头和初始化端子。使用反馈节点需要注意其在选项板上的位置，若在分支连接到数据输入端的连线之前把反馈节点放在连线上，反馈节点会把每个值都传递给数据输入端；若在分支连接到数据输入端的连线之后把反馈节点放在连线上，则反馈节点将把每个值都传回 VI 或函数的输入端，并把最新的值传递给数据输入端。在"函数"选板的"编程"→"结构"子分类下可以找到反馈节点⬅。反馈节点图标为⬅，上方的箭头末尾的接线端为输入，箭头指向的接线端为输出；下方的接线端用于设置初值。箭头可以指向左侧，也可以指向右侧。

图 3 - 13（a）展示了一个在 For 循环中使用反馈节点实现求输入自然数 n 的阶乘 $n!$ 的

实例，设置反馈节点初始值为1，移位寄存器初始化为1，输出为 $n!$。若使用 For 循环，不使用反馈节点，程序框图如图 3 – 13（b）所示。也可使用 While 循环实现求自然数功能，通过比较当前循环序号 i 是否小于输入 n 来判断是否继续执行循环体，如图 3 – 13（c）所示。因此，While 循环结构可以执行可使用 For 循环实现的程序循环结构。

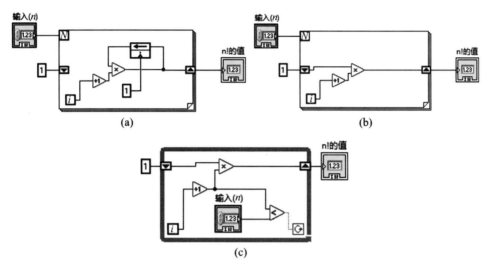

图 3 – 13　利用循环结构求自然数 n 的阶乘 $n!$

（a）For 循环中使用反馈节点；（b）For 循环中不使用反馈节点；（c）使用 While 循环

3.4.3　创建局部变量和全局变量

在 LabVIEW 中，同样可以创建局部变量和全局变量。

3.4.3.1　创建局部变量

创建局部变量如图 3 – 14（a）所示，直接在程序框图中已有的对象上单击鼠标右键，从右键菜单中选择"创建"→"局部变量"命令，也可如图 3 – 14（b）所示，在"函数"选板→"编程"→"结构"子选板中选择局部变量，形成一个没有被赋值的变量。此时的局部变量没有任何用途，因为它还没有和前面的控制或指示相关联，可以在前面板添加控件填充其内容；也可以直接在局部变量图标上单击鼠标左键，在弹出菜单中进行配置。

3.4.3.2　创建全局变量

创建全局变量可以在"函数"选板→"编程"→"结构"子选板上选择全局变量，生成一个图标，双击该图标，在弹出的如图 3 – 15（a）所示的前面板中编辑全局变量，也可在"文件"菜单中选择"新建…"选项，在如图 3 – 15（b）所示的弹出的窗口中选择"全局变量"，单击"确定"按钮后，打开如图 3 – 15（a）所示的前面板。

创建完全局变量之后，生成的只是一个没有程序框图的 LabVIEW 程序，要使用全局变量需要按以下步骤设置：

（1）向刚才的前面板内添加想要的全局变量，如添加数据等。

（2）保存该全局变量，并关闭其前面板窗口。

（3）新建一个程序，打开其程序框图，从"函数"选板中选择"选择 VI…"，打开保

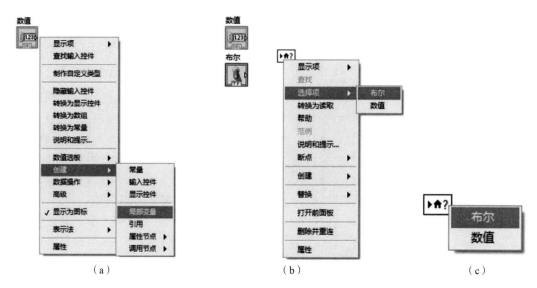

图 3 – 14　创建局部变量的两种方法

（a）对已有控件设置；（b）在"函数"选板上新建并设置；（c）在局部变量图标上配置

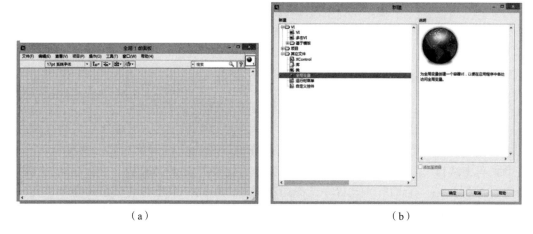

图 3 – 15　创建全局变量

（a）全局变量前面板；（b）使用"新建"选项建立全局变量

存的文件，拖出一个全局变量的图标（也可使用原有的全局变量图标）。

（4）在全局变量上单击鼠标左键，根据需要选择相应的变量。

图 3 – 16 显示了一个全局变量应用实例，建立了一个全局变量 VI 同时控制两个 VI 的运行。图 3 – 16（a）为全局变量前面板，图 3 – 16（b）为第一个 VI 的程序框图，图 3 – 16（c）和（d）分别为第二个 VI 的前面板和程序框图。

首先运行第一个 VI，通过第一个 VI 产生数据，产生的是连续生成的随机数，每秒加 1；然后运行第二个 VI 显示数据，延时输入控件可以用于控制显示的速度，若输入为 2，则每个显示的值将延时 2s。第二个 VI 中的总开关同时控制两个 VI 的停止，因此，终止程序运行时可以使用总开关，在这种情况下，需要再次运行时，需先开启程序总开关。在第一个 VI 未运行时，输出的数值为默认值 0。

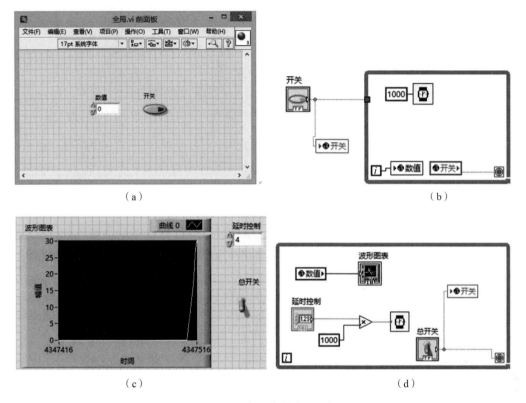

（a）　　　　　　　　　　　　　　　　　　　（b）

（c）　　　　　　　　　　　　　　　　　　　（d）

图 3 – 16　全局变量应用实例

（a）全局变量前面板；（b）第一个 VI 程序框图；（c）第二个 VI 前面板；（d）第二个 VI 程序框图

3.5　条件结构

LabVIEW 的条件结构相当于其他编程语言中的 case 函数或 if…else 语句，其图形化编程界面使得 LabVIEW 中的条件结构与其他语言的条件结构相比简单明了，可读性强。

条件结构位于"函数"选板→"编程"→"结构"子选板中，如图 3 – 17 所示，用户可以自行拖动调整大小和定位适当的位置。框图中左边的数据端口 为条件选择端口，通过其中的值选择被执行的子图形代码框，默认为布尔型，也可改为其他类型。如果条件结构的端口最初接收的是数字输入，则代码中可能存在 n 个分支；当为布尔型时，0、1 自动变为假和真，但分支 2、3 等未丢失，在条件结构执行前，需删除这些多余分支以免出错。

条件结构的顶端为选择器标签，包含所有可以被选择的条件，两旁的按钮分别为减量按钮和增量按钮。选择器标签的个数可以根据实际需要确定，在选择器标签上单击鼠标右键，选择"在前面添加分支"或"在后面添加分支"，就可增加选择器标签个数。在选择器标签中，可以输入单个值或数值列表和范围。在使用列表时，数值之间使用逗号隔开；在使用数值范围时，指定一个类似 10..20 的范围用于表示 10 到 20 之间所有的数字（包括 10 和 20），

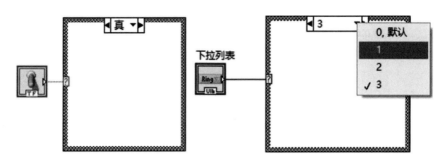

图 3 - 17　条件结构

而..10 表示所有小于等于 100 的数。列表和范围可以结合起来使用，如..6，8，9，16..。若在同一个选择器标签中输入的数有重叠，条件结构将以更紧凑的形式重新显示该标签，如输入..9，..18，26，70..，那么将自动更新为..18，26，70..。使用字符串范围时，范围 a..c 包含 a、b 和 c。

选择器标签的值和选择器连线端所连接的对象若不是同一数据类型，则该选择器标签值将变为红色，如图 3 - 18 所示。在结构执行之前必须删除或编辑该值，或连接到相匹配的数据类型，否则程序将不能运行。由于浮点数算术运算可能存在四舍五入误差，因此浮点数不能作为选择器标签的值；若将一个浮点数连接到条件分支，则 LabVIEW 将对其舍入到最近的偶数值。若在选择器标签中输入浮点数，该值将变为红色，在执行前必须对其进行删除或修改。

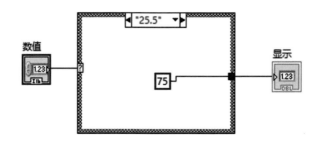

图 3 - 18　选择器标签的值与选择器连线端连接的对象数据类型不一致，标签变红报错

3.6　顺序结构

LabVIEW 中的数据流编程虽然给用户带来了很多方便，但仍有一定的局限性。如果 LabVIEW 框图程序中有两个节点同时满足节点执行的条件，将导致这两个节点同时执行，此种情况，可采用顺序结构明确这两个节点的执行顺序。

顺序结构可用于实现特定的编程逻辑、程序几个部分之间的同步、调试等。LabVIEW 中的顺序结构分为图 3 - 19 (a) 所示的平铺式顺序结构和图 3 - 19 (b) 所示的层叠式顺序结构，二者均可从"结构"子选板中创建，且可通过右键菜单中"替换为平铺式/层叠式顺序结构"功能互换。顺序结构中的每个子框图都称为一个帧，刚建立顺序结构时都只有一个帧。

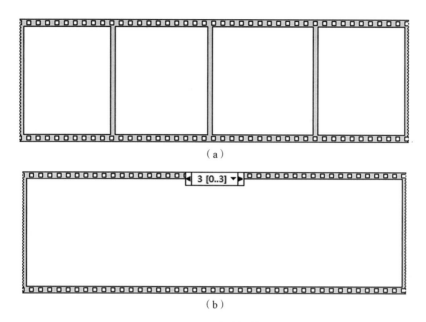

图 3 - 19　顺序结构的形式

（a）平铺式顺序结构；（b）层叠式顺序结构

对于平铺式顺序结构，可以通过在帧边框的左右分别选择在前面添加帧和在后面添加帧来增加一个空白帧。由于每个帧都是可见的，所以平铺式顺序结构不能添加局部变量，不需要借助局部变量在帧之间传输数据。

层叠式顺序结构的表现形式与条件结构十分相似，均在框图的同一位置层叠多个子框图，每个框图都有自己的序号，执行时按照序号从小到大依次执行。条件结构的每一个分支均可为输出提供一个数据源，但层叠式顺序结构输出隧道只有一个数据源。输出可源自任何帧，但仅在执行完毕后数据才输出，而不是在个别帧执行完毕后，数据才离开层叠式顺序结构。层叠式顺序结构中的局部变量用于帧间传输数据，对输入隧道中的数据，所有的帧均可用。

除了外观不同，两种形式的顺序结构执行代码的方式相同。一般推荐使用平铺式顺序结构，因为使用平铺式顺序结构，所有的帧能够同时看到，一目了然，帧之间的数据传输通过隧道而非顺序结构局部变量实现。层叠式顺序结构不符合从左至右的编程习惯，易读性相对差，较难发现其中的问题。但平铺式顺序结构各框架之间的顺序不能改变，而层叠式顺序结构各框架之间的顺序改变较容易。因此，需要改变平铺式顺序结构各个框架之间的顺序时，可先将平铺式顺序结构替换为层叠式顺序结构，再改变各框架之间的顺序，最后改回平铺式顺序结构。

图 3 - 20 为一顺序结构的典型实例，用于判断一个随机产生的 0 ~ 100 内的随机数是否小于 70。若小于 70，输出 0；若大于 70，输出 1。图 3 - 20（a）为平铺式顺序结构，图 3 - 20（b）为层叠式顺序结构，在此结构中使用了结构变量。

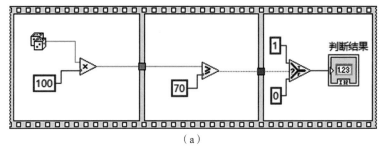

（a）

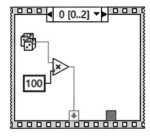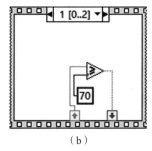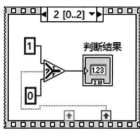

（b）

图 3－20　顺序结构实例

（a）使用平铺式顺序结构；（b）使用层叠式顺序结构

3.7　事件结构

3.7.1　事件

事件是对活动发生的异步通知，可以来自用户界面、外部 I/O 或程序其他部分。事件主要分为以下三类：

（1）用户界面事件：包括鼠标单击、键盘按键等动作。

（2）外部 I/O 事件：包括数据采集完毕或发生错误时，硬件定时器或触发器发出信号等事件。

（3）其他类型的事件：可通过编程生成并与程序的不同部分通信。

LabVIEW 支持用户界面事件及通过编程生成的事件，但不支持外部 I/O 事件。

在由事件驱动的程序中，系统中发生的事件将直接影响执行流程，而一般的过程性程序按预定的自然顺序执行。事件驱动程序通常包含一个循环，该循环等待事件的发生并执行代码来响应事件，然后不断重复等待下一个事件的发生。程序如何响应事件取决于该事件的代码。事件驱动程序的执行顺序取决于具体所发生的事件以及事件发生的顺序。程序的某些部分可能因其所处理的事件频繁发生而频繁执行，而其他部分也可能由于相应事件从未发生而根本不执行。

另外，在 LabVIEW 中使用用户界面事件可使前面板的用户操作与程序框图执行保持同步。事件允许用户每当执行某个特定操作时执行特定的事件处理分支，如果没有事件，程序框图必须在一个循环中轮询前面板对象的状态，以检查有否发生任何变化。轮询前面板对象需要较多的 CPU 时间，且如果执行太快可能检测不到变化。通过事件响应特定的用户操作，就不必轮询前面板即可确定用户执行了何种操作。LabVIEW 将在指定的交互发生时主动通知程序框图，事件不仅可以减少程序对 CPU 的需求、简化程序框图代码，还可以保证程序框图对用户的所有交互都能作出响应。

使用编程生成的事件，可实现在程序中不存在数据流依赖关系的不同部分之间的通信。通过编程产生的事件具有许多与用户界面事件相同的优点，并且可共享相同的事件处理代码，从而更易于实现高级结构，如使用事件的队列式状态机。

3.7.2　事件结构

事件结构是一种多选择结构，能同时响应多个事件，传统的选择结构没有这个能力，只能一次接收并响应一个选择。

事件结构可包含多个分支，一个分支即一个独立的事件处理程序。一个分支配置可处理一个或多个事件。事件结构执行时，将等待一个之前指定的事件发生，待该事件发生后即可执行事件相应的条件分支。一个事件处理完毕后，事件结构的执行也宣告完成，事件结构并不通过循环来处理多个事件。与"等待通知"函数相同，事件结构也会在等待事件通知的过程中超时，若发生超时，将执行相应的超时分支。

事件结构由超时端子、事件数据节点和事件选择标签组成，如图 3 - 21 所示。超时端子用于设定事件结构在等待指定事件发生时的超时时间，单位为毫秒（ms）。当值为 - 1 时，事件结构处于永远等待状态，

图 3 - 21　事件结构框图

直到指定事件发生为止；当值为大于 0 的整数时，事件结构会等待相应的时间。当事件在指定的时间范围内发生时，事件接收并响应该事件；若超过指定时间，事件没发生，则事件将停止执行并返回一个超时时间。通常情况下，应该为事件结构指定一个超时时间，否则事件结构一直处于等待状态。事件数据节点由若干个事件数据端子组成，增减数据端子可通过拖拉事件数据节点来进行，也可在事件数据节点上单击鼠标右键，从弹出的快捷菜单中选择"添加/删除元素"进行。事件选择标签用于标识当前显示的子框图所处理的事件源，其增减与层叠式顺序结构和选择结构中的增减类似。

与条件结构一样，事件结构也支持隧道。但在默认状态下，无须为每个分支中的事件结构输出隧道连线。所有未连线的隧道的数据类型将使用默认值。右键单击隧道，从弹出的快捷菜单中取消选择"未连线时使用默认"，可恢复默认的条件结构行为，即所有的条件结构隧道必须连线。

对于事件结构，无论编辑还是添加或复制等操作，都会使用到"编辑事件"对话框，"编辑事件"对话框的建立，可以通过在事件结构的边框上鼠标右键单击，从弹出的快捷菜单中选择"编辑本分支中所处理的事件"命令完成，如图 3 - 22（a）所示。图 3 - 22（b）为一个"编辑事件"对话框，每个事件分支都可以配置为多个事件，当这些事件中有一个发生时，对应的事件分支代码都会得到执行。事件说明符的每一行都是一个配置好的事件，每行分为左、右两部分，左边列出事件源，右边列出该事件源产生事件的名称。

（a）

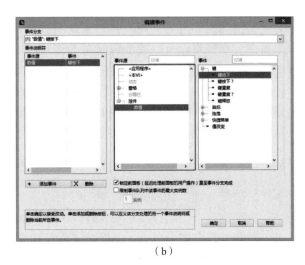
（b）

图 3 – 22　"编辑事件"对话框

（a）调出"编辑事件"对话框；（b）"编辑事件"对话框

　　事件结构能够响应的事件有两种类型：通知事件和过滤事件。在"编辑事件"对话框的"事件"列表中，通知事件左边为绿色箭头，过滤事件左侧为红色箭头。

　　通知事件表明某个用户操作已经发生，如用户改变了控件的值。通知事件用于在事件发生且 LabVIEW 已经对事件进行处理后对事件作出响应。可配置一个或多个事件结构对一个对象上同一个通知事件作出响应，事件发生时，LabVIEW 会将该事件的副本发送到每个并行处理该事件的事件结构上。

　　过滤事件将通知用户 LabVIEW 在处理事件之前已经由用户执行了某个操作，以便用户就程序如何与用户界面的交互作出响应进行自定义。使用过滤事件参与事件处理可能会覆盖事件的默认行为。在过滤事件的结构分支中，可在 LabVIEW 结束处理该事件之前验证或改变事件数据，或完全放弃该事件以防止数据的改变影响到 VI。例如，将一个事件结构配置为放弃前面板关闭事件可防止用户关闭 VI 前面板。过滤事件的名称以问号结束，如"前面板关闭？"以便与通知事件区分。多数过滤事件都有相关的同名通知事件，但没有问号，该事件在过滤事件之后，如没有事件分支，放弃该事件时由 LabVIEW 产生相关的同名通知事件。

　　和通知事件一样，对于一个对象的同一个过滤事件，可配置任意数量与其响应的事件结构。但 LabVIEW 将按照自然顺序将过滤事件发送给为该事件所配置的每一个事件结构。LabVIEW 向每个事件结构发送该事件的顺序取决于这些事件的注册顺序。在 LabVIEW 能够通知下一个事件结构之前，每个事件结构必须执行完该事件的所有事件分支。如果某个事件结构改变了事件数据，LabVIEW 会将改变后的值传递到整个过程中的每个事件结构；如果某个事件结构放弃了事件，LabVIEW 便不把该事件传递给其他事件结构。只有当所有已配置的事件结构处理完事件，且未放弃任何事件时，LabVIEW 才能完成对触发事件的用户操作的处理。建议仅在希望参与处理用户操作时使用过滤事件，过滤事件可以是放弃事件或修改事件数据，如仅需知道用户执行的某一特定操作，应使用通知事件。

　　处理过滤事件的事件结构分支有一个事件过滤节点，可将新的数据值连接至这些连线端以改变事件数据。如果不对某一数据项连线，则该数据项将保持不变，可将真值连接至"放弃?"连线端以完全放弃某个事件。

事件结构中的单个分支不能同时处理通知事件和过滤事件。一个分支可处理多个通知事件，但仅当所有事件数据项完全相同时才可处理多个过滤事件。

图 3-23 展示了两种事件处理代码的实例，图 3-23（a）为一个过滤事件"'数值'：键按下?"图 3-23（b）为一个通知事件"'数值'：键按下"。

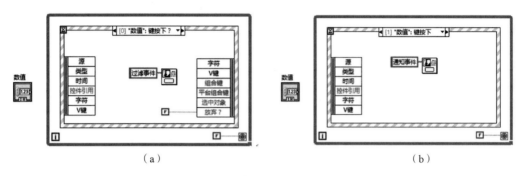

（a）　　　　　　　　　　　　　　　　（b）

图 3-23　事件处理代码的实例

（a）过滤事件；（b）通知事件

3.8　公式节点

公式节点如图 3-24 所示，用于一些复杂的算法完全依赖图形代码过于烦琐的情况，以文本编程的形式实现程序复杂逻辑。公式节点类似其他结构，本身是一个可以调整大小的矩形框，当需要输入变量时，可以在边框上单击鼠标右键，在弹出的快捷菜单中选择"添加输入"命令并输入变量名，也可按同样方法添加输出变量。输入变量与输出变量的数目按照具体情况确定。

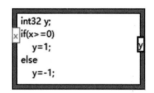

图 3-24　公式节点

公式节点中使用的语句句法类似于多数文本编程语言，支持 MATLAB 表达式、C 语言代码等，也可以给语句添加注释，注释的内容使用一对"/ * "封起来。输入公式节点表达式时需注意，结尾应以分号表示结束，否则会产生错误。

第 4 章

数组、矩阵与簇

4.1 数　　组

4.1.1 数组的定义

在程序设计语言中，"数组"是一种常用的数据结构，是相同类型数据的集合，是一种存储和组织相同类型数据的良好方式。与其他程序设计语言一样，LabVIEW 中的数组是数值型、布尔型、字符串型等多种数据类型中的同类数据的集合。前面板的数组对象由一个盛放数据的容器和数据本身构成，在程序框图上则体现为一个一维或多维矩阵。数组中的每一个元素都有其唯一的索引值，可以通过索引值访问数组中的数据。

数组是由同一类型数据元素组成的大小可变的集合。当有一串数据需要处理时，它们可能是一个数组；当需要频繁地对一批数据进行绘图时，使用数组将会受益匪浅。数组作为组织绘图数据的一种机制是十分有用的，当执行重复计算，或解决能自然描述成矩阵向量符号的问题时数组也是很有用的，如解线性方程。在 VI 中使用数组能够压缩框图代码，并且由于具有大量的内部数组函数和 VI，使得代码开发更加容易。

4.1.2 数组的建立

建立数组，首先选择"控件"选板→"数组，矩阵与簇"中的"数组"控件，在前面板上建立一个数组控件，再将需要的有效数据对象拖入数组框。如果不分配数据类型，该数组将显示为带空括号的黑框；分配数据类型后，数组控件在程序框图内显示的颜色根据数组元素的数据类型而确定。刚生成的数组为一维数组，左上角为索引框，在左上角的索引框上单击鼠标右键，选择"添加维度"命令，可以增加数组的维度。图 4-1 为空数组的前面板及图标，图 4-2 中显示了一些常用的一维数组，包括数值数组、布尔数组、字符串数组。除了在前面板中创建数组控件，还可以在程序框图中创建数组常量。此外，通过 For 和 While 循环也可以自动索引生成数组，当自动索引打开时，每一次循环产生一个新的数组元素，并储存在循环边框上；当自动索引关闭时，只有最后一次循环产生的数传到循环外。利用循环创建一维数组和二维数组的实例如图 4-3 所示。

图 4-1　空数组

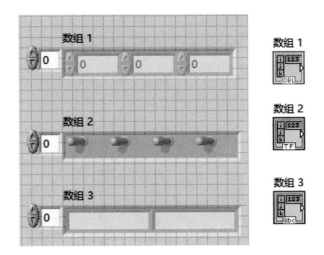

图 4-2　几种常见的数组

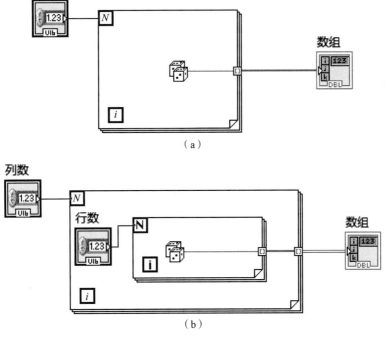

（a）

（b）

图 4-3　利用循环创建一维数组和二维数组的实例

（a）一维数组；（b）二维数组

　　LabVIEW 中的数组相比其他编程语言较为灵活，任何一种数据类型的数据，除了数组本身以外，均可组成数组。在使用一个数组时，LabVIEW 会自动确定数组的长度，而不需预先定义。在内存允许的情况下，数组中每一维元素最多可达 $2^{31}-1$ 个。数组中元素的数据类型必须相同，如都是无符号 16 位整数，或全部为布尔型等，当数组中有 n 个元素时，元素的索引号由 0 开始到 $n-1$ 结束。

4.1.3 数组函数

与传统的编程语言类似，LabVIEW 提供了各种数组函数，以功能函数节点的形式来表现。在 LabVIEW 中，数组函数在"函数"选板→"编程"→"数组"子选板上，如图 4 - 4 所示。

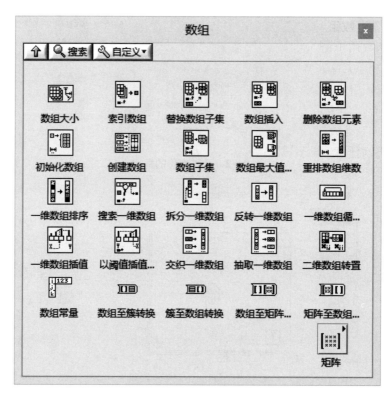

图 4 - 4　数组子选板

4.1.3.1　数组大小

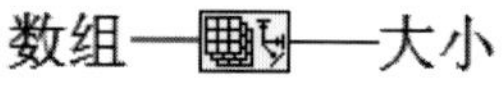

"数组大小"函数节点图标如图 4 - 5 所示，输入为一个 n 维数组，输出为该数组各维包含的元素个数，$n = 1$ 时输出一个标量，$n > 1$ 时输出一个一维数组，每个元素对应输入数组中每一维的长度。

数组——　——大小

图 4 - 5　"数组大小"函数

4.1.3.2　创建数组

创建数组函数用于合并多个数组或给数组添加元素，该函数有两种类型的输入：标量和数组。因此函数可以接收数组和单值元素输入，节点将从左侧端口输入的元素或数据按从上到下的顺序组成一个新数组，如图 4 - 6（a）所示。当两个数组需要连接时，可以将数组看作整体，即一个元素。默认情况下，两个 n 维数组将合并为一个 $n + 1$ 维数组，如图 4 - 6（b）所示。若鼠标右键单击"创建数据"函数节点，在右键菜单上选择"连接输入"命令，则两个 n 维数组将连接成一个 n 维数组，如图 4 - 6（c）所示。

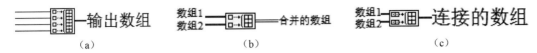

图 4-6 创建数组函数的应用

（a）将元素合并为数组；（b）将两个 n 维数组合并成一个 $n+1$ 维数组；（c）将两个 n 维数组连接成一个 n 维数组

4.1.3.3 索引数组

索引数组函数用于访问数组的一个元素，使用输入索引指定要访问的数组元素，第 n 个元素的索引号是 $n-1$。

索引数组函数会自动调整大小以匹配连接的输入数组维数，若将 n 维数组连接到索引数组函数，那么函数将显示 n 个索引输入，若仅连接其中 m（$m<n$）个索引输入，则将会抽取对应的 $n-m+1$ 维数组。每个输入数组是独立的，可以访问任意维数组的任意部分。

图 4-7 为一个对二维数组进行索引的实例，通过指定二维数组行/列数据获取数组某个元素值。若输入只连接索引（行）或索引（列），则输出为对应的行或列的一维数组。

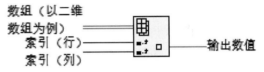

图 4-7 对二维数组进行索引的实例

4.1.3.4 初始化数组

初始化数组函数的功能是创建 n 维数组，数组维数由函数左侧的维数大小端口的个数决定。创建之后，每个元素的值都与输入元素端口的值相同。函数刚放在程序框图上时，只有一个维数大小输入端子，此时创建的是执行大小的一维数组。可以通过拖动下边缘或在维数大小端口的右键菜单中选择"添加维度"来创建多维数组。初始化的数组全部为数组元素。应用实例如图 4-8 所示。

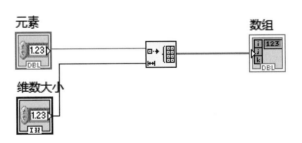

图 4-8 初始化数组实例

在 LabVIEW 中，也可采用其他方法初始化数组。同样是创造一个全相同元素的数组，建立一个带有常数的 For 循环即可将数组初始化，但是创建该数组需要一定的时间。若元素值可以由一些方法计算出来，把公式放在 For 循环中取代常数即可，用该方法可以产生特殊波形；也可在框图程序中创建一个数组常量，手动输入各个元素的数值后将其连接到需要初始化的数组上。若初始化数组所用的数据量很大，可以先将其放到一个文件中，程序开始时再装载。

需要注意的是，空数组是一个包含 0 个元素的数组，而不是元素值全为 0、假、空字符串或类似的数组。空数组相当于 C 等语言中创建了一个指向数组的指针，经常用到空数组的例子是初始化一个连有数组的循环移位寄存器。空数组的创建方法主要有以下几种：

（1）用一个数组大小输入端口不连接数值或输入值为 0 的初始化函数创建一个空数组。

（2）创建一个 n 为 0 的 For 循环，在 For 循环中放入所需数据类型的常量，这样，For 循环将被执行 0 次，但在其框架通道上将会产生一个相应类型的空数组。

但是不能使用创建数组函数创建空数组，因为其输出至少包含一个元素。

图 4-9 是创建一个长度为 100 的一维随机数数组的实例。首先初始化一个元素为双精度（DBL）类型的空数组，使用 For 循环以及移位寄存器将空数组赋值为 0~1 的随机数，循环 100 次，生成长度为 100 的随机数数组。

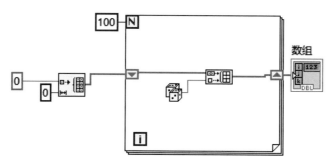

图 4-9　创建随机数数组

4.1.3.5　其他数组相关函数

其他常用的数组相关函数有删除数组元素函数、初始化数组、创建数组函数、数组子集函数、一维数组循环移位函数、反转一维数组函数、搜索一维数组函数、拆分一维数组函数、一维数组排序函数、获得数组最大值和最小值函数等。

4.2　簇

LabVIEW 中的"簇"是由不同数据类型的数据构成的集合。在使用 LabVIEW 编写程序的过程中，不仅需要数组进行数据的组织，有时也需要将不同数据类型的数据组合起来，以更加有效地行使其功能，这种数据类型在 LabVIEW 中也得到了广泛应用。

4.2.1　簇的组成

簇可以将几种不同的数据类型集中到一个单元中形成一个集体。簇通常用于将出现在框图上的有关数据元素分组管理，由于簇在框图中仅使用唯一的连线表示，因此可以减少连线混乱和子 VI 需要的连接器端子个数。在实际使用中，可以将簇看作一捆连线，每个连线表示不同的元素。在框图上，只有当簇具有相同元素类型、相同元素数量和相同元素顺序时，才可将簇的端子连接。

簇和数组的异同如表 4-1 所示。

表 4-1　簇和数组的异同

	簇	数组
数据类型	可包含不同类型	仅包含相同类型
大小	固定	非固定
元素访问	最好通过释放同时访问其中的部分或全部元素	一般是通过索引一次访问一个元素
元素排列	有序	
控件	均由输入或输出控件组成，不得同时包含输入或输出控件	

4.2.2　创建簇

簇的创建类似数组的创建，首先在"控件"选板→"数组、矩阵与簇"子选板中创建簇的框架，之后依次向框架中添加输入或显示控件。刚建成的空簇的图标在程序框图中呈黑色，默认为输入控件簇，如图 4-10 所示。向簇中加入元素后，簇的图标变为洋红色，且根据放入簇中的第一个控件的种类变为输入控件簇或显示控件簇，如图 4-11 所示。

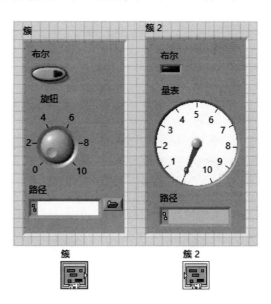

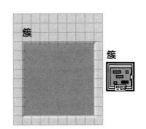

图 4-10　空簇默认为输入控件簇　　图 4-11　输入控件簇（簇）和显示控件簇（簇 2）

一个簇变为输入控件簇或显示控件簇取决于放进簇中的第一个元素，若放进簇框架中的第一个元素为输入控件，则后来给簇添加的任何元素都将会变为输入对象，簇变为输入控件簇，并且当从任何簇元素的快捷菜单中选择转换为输入控件或转换为显示控件时，簇中的所有元素都将发生变化。

在簇框架上单击鼠标右键弹出快捷菜单，菜单中"自动调整大小"的 3 个选项可用来调整簇框架的大小和簇元素的布局："调整为匹配大小"选项调整簇框架的大小，以适合所包含的所有元素；"水平排列"选项水平压缩排列所有元素；"垂直排列"选项垂直压缩排列所有元素，如图 4-12 所示。

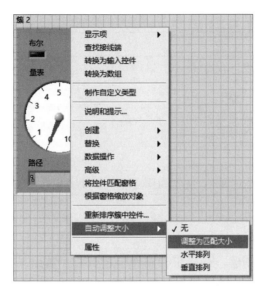

图 4-12 "自动调整大小"选项

　　簇的元素有一定的排列顺序，簇元素按照它们放入簇中的先后顺序排序，而不是按照簇框架内的物理顺序排序。簇框架中的第一个对象标记为 0，第二个对象标记为 1，依次排列；亦可右键单击簇控件，选择"重新排序簇中控件"命令，检查和改变簇内元素的顺序。使用"重新排序簇中控件"功能时，簇中每个元素右下角都会出现并排的框，白色框指出该元素在簇顺序中的当前位置，黑色框指出在用户改变顺序后的新位置，在开始时，白框黑框中的数值相同。用簇排序光标单击某个元素，该元素在簇顺序中的位置就会变成顶部工具条显示的数字，单击按钮✓应用顺序的改变，单击按钮✗可放弃改变并恢复到以前的排列顺序，如图 4-13 所示。

（a）

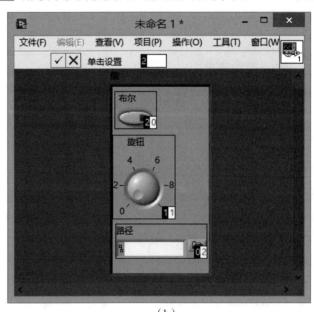

（b）

图 4-13 "重新排序簇中元素"命令

（a）编辑簇中控件顺序；（b）修改顺序

在簇中删除元素时，剩余元素的顺序将自行调整，在簇的捆绑和解除捆绑函数中，簇顺序决定了元素的显示顺序，如果要访问簇中的单个元素，必须记住簇顺序，因为簇中的单个元素是按顺序访问的。

4.2.3 簇函数

对簇顺序进行处理的函数位于"函数"选板→"编程"→"簇、类与变体"子选板上，如图 4 - 14 所示。

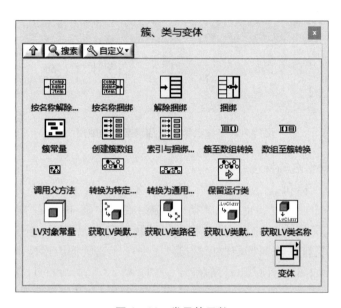

图 4 - 14 常见簇函数

4.2.3.1 解除捆绑和按名称解除捆绑

解除捆绑函数的节点图标如图 4 - 15 所示，用于从簇中提取单个元素，并将解除后的数据成员作为函数的结果输出。当解除捆绑未接入输入参数时，右端只有两个输出端口，当接入一个簇时，解除捆绑函数会自动检测到输入簇的元素个数，生成相应个数的输出端口。

按名称解除捆绑函数的节点图标如图 4 - 16 所示。按名称解除捆绑是把簇中的元素按标签解除捆绑。只有对于有标签的元素，按名称解除捆绑的输出端才能弹出带有标签的簇元素的标签列表。对于没有标签的元素，输出端不弹出其标签列表。输出端口的个数不限，可以根据需要添加任意数目的端口。如图 4 - 17 所示的簇中，旋钮没有标签，因此输出端没有旋钮的标签，只有布尔和路径两个簇元素的输出。

图 4 - 15 解除捆绑函数的节点图标　　　图 4 - 16 按名称解除捆绑函数的节点图标

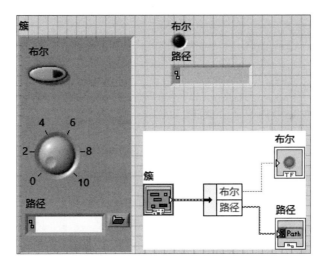

图 4 - 17　按名称解除捆绑函数的使用

4.2.3.2　捆绑和按名称捆绑

捆绑函数的节点图标和一个应用实例如图 4 - 18 （a） 所示，用于将若干基本数据类型的数据元素合成为一个簇数据，也可以替换现有簇中的值，簇中元素的顺序和捆绑函数的输入顺序相同。顺序定义是从上到下，即连接顶部的元素变为元素 0，连接到第二个端子的元素变为元素 1，以此类推。若捆绑函数顶端接入了一个簇，则捆绑函数改为将原簇中对应元素使用新元素代替，如图 4 - 18 （b） 所示。

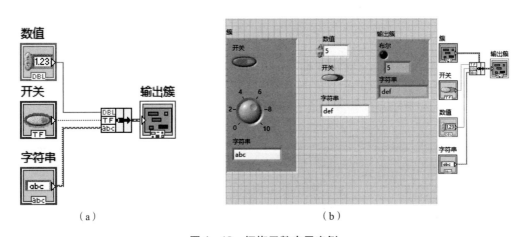

（a）　　　　　　　　　　　　　　　　（b）

图 4 - 18　捆绑函数应用实例

（a）捆绑元素；（b）替换现有簇中的元素

按名称捆绑函数主要用于按名称替换现有簇的元素，若簇中元素没有标签，则不可被替换，如图 4 - 19 所示。

4.2.3.3　创建簇数组

"创建簇数组" 函数使用方法与创建数组函数的类似，与创建数组不同的是其输入端口的分量元素可以是簇。函数会首先将输入到输入端口的每个分量元素转化成簇，然后再将这

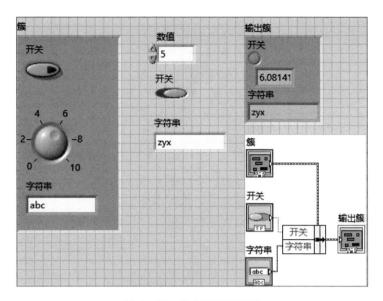

图4-19 按名称捆绑函数

些簇组成一个簇的数组，输入参数可以都为数组，但要求维数相同。

需要注意的是，所有从分量元素端口输入的数据类型必须相同，分量元素端口的数据类型与第一个连接进去的数据类型相同。如簇中对应元素数据类型不同，则系统会报错。该函数的一个应用实例如图4-20所示。

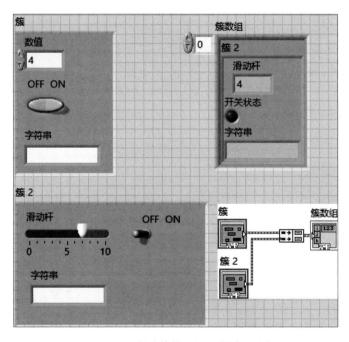

图4-20 "创建簇数组"函数应用实例

4.2.3.4 其他常用簇函数

其他常用簇函数包括索引与捆绑簇数组函数、簇至数组转换、数组至簇转换等。

4.3 矩 阵

LabVIEW 中有一些专门的 VI 可以进行矩阵运算。

4.3.1 创建矩阵

矩阵的创建需要在"控件"选板的"数组、矩阵与簇"子分类中创建矩阵，如图 4-21 所示。创建的矩阵有实数矩阵和复数矩阵两种，如图 4-22 所示。元素是实数的矩阵称为实数矩阵，元素是复数的矩阵称为复数矩阵。行数和列数均为 n 的矩阵，称为 n 阶矩阵或 n 阶方阵。

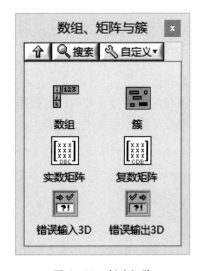

图 4-21 创建矩阵

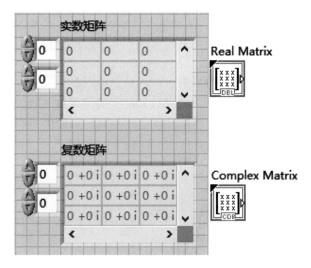

图 4-22 实数矩阵和复数矩阵

4.3.2 矩阵函数

在"函数"选板→"编程"→"数组"→"矩阵"子选板上提供的矩阵函数（见图 4-23）可对矩阵或二维数组矩阵中的元素、对角线或子矩阵进行操作。多数矩阵函数可以进行数组运算，也可提供矩阵的数学运算。

矩阵与数组函数类似，矩阵最少为二维，数组包含一维数组。

4.3.2.1 创建矩阵

"创建矩阵"函数可按照行或列添加矩阵元素，默认模式为按列添加，即在第一行的最后一列后添加元素或矩阵，通过右键单击函数，选择"Build Matrix Mode"→"按行添加"，则函数改为按行添加，即在第一列的最后一行后添加元素或矩阵。在程序图上添加函数时，只有输入端可用。右键单击函数，在快捷菜单中选择添加输入，或调整函数大小，均可向函数增加输入端。

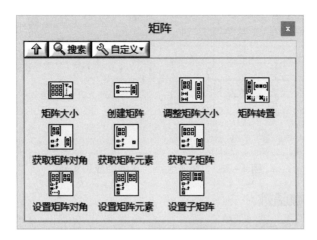

图 4 – 23 "矩阵"子选板

连线至创建矩阵函数的输入有不同的维度，通过用默认的标量值填充较小的输入，LabVIEW 可以创建添加的矩阵。

如元素为空矩阵或空数组，函数可以忽略空的维数；但是，元素的维数和数据类型可影响添加矩阵的数据类型与维数。如连线不同的数值类型值创建矩阵函数，添加的矩阵可存储所有的输入且无精度损失。

创建矩阵函数的一个应用实例如图 4 – 24 所示。图 4 – 24（a）为按行添加的结果，图 4 – 24（b）为按列添加的结果。

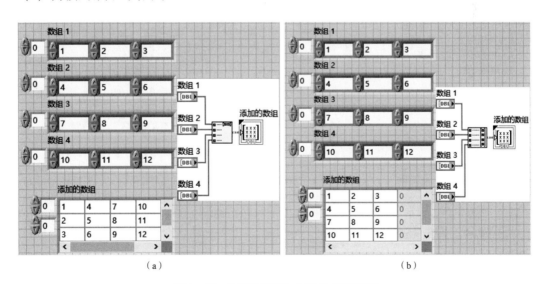

图 4 – 24 "创建矩阵"函数的应用实例

（a）按行添加；（b）按列添加

4.3.2.2 矩阵大小

"矩阵大小"函数用于从矩阵获取行数和列数，并返回这些数据，不可调整连线模式，应用实例如图 4 – 25 所示。

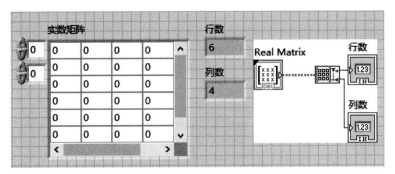

图 4-25　"矩阵大小"函数的应用实例

4.3.3　线性代数函数

在"函数"选板→"数学"→"线性代数"子选板上提供的线性代数函数（见图 4-26）可对矩阵或二维数组矩阵中的元素、对角线或子矩阵进行线性代数运算操作。常见的线性代数运算包括求解线性方程、点积、外积、求逆矩阵、求行列式值、求矩阵的范数和秩、LU 分解、QR 分解等都可以在"线性代数"子选板上找到，通过"线性代数"子选板同样可以找到"矩阵"子选板。

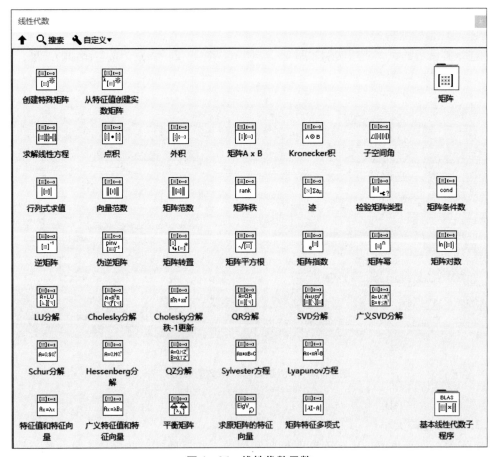

图 4-26　线性代数函数

第 5 章
图形显示

LabVIEW 为数据的图形化显示提供了丰富的图形显示控件，主要有波形图表、波形图、XY 图、Express XY 图、三维图形等，如图 5 – 1 所示。

5.1 波形图表和波形图

LabVIEW 强大的显示功能增加了用户界面的表达能力，极大地方便了用户对虚拟仪器的学习和掌握，本节介绍波形显示的相关内容。

5.1.1 波形图

波形图用于将测量值显示为一条或多条曲线，是一种特殊的指示器，在"控件"选板→"图形"子选板中可以找到。波形图仅绘制单值函数，即 $y = f(x)$。波形图可显示包含任意个数据点的曲线。波形图接收多种数据类型，从而最大限度地降低了数据在显示为图形前进行类型转换的工作量。

图 5 – 1 "控件"选板上的图形显示控件

波形图在事后对数据进行处理，显示波形是以成批数据一次刷新方式进行的。数据点等时间间隔显示，每一时刻只有一个数据值显示，类似单值函数。使用波形图，可以绘制一条或多条曲线，其数据组织格式不同。

波形图的数据输入基本形式是数据数组（一维或二维数组）、簇或波形数据。当绘制单曲线时，波形图可以接受一维数组或簇这两种数据格式；当绘制多条曲线时，波形图可接受二维数组、簇、把数组打包成簇然后以簇作为元素组成的簇数组、以簇作为元素的二维数组和数值类型元素 X_0、dX 和以簇为元素的数组这三个元素组成的簇（数组元素的每一个簇元素都有一个数组打包而成，每个数组都是一条曲线）这五种数据类型。

图 5 – 2 为波形图的一个实例，该 VI 产生 100 个 0 ~ 1 的随机数并将其绘制成为波形图。

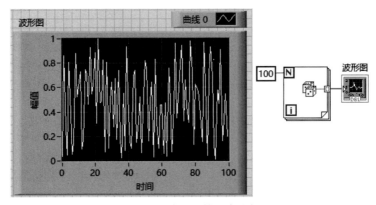

图 5 - 2　波形图的一个实例

5.1.2　波形图表

波形图表同样可以在"控件"选板的"图形"子选板中找到。波形图表和波形图的不同之处在于波形图表内部提供了一个保存旧数据的显示缓冲器，所保存旧数据的长度可以自行指定，最大为 1 024 个。新传给波形图表的数据被接续在旧数据的后面，这样就可以在保持一部分旧数据显示的同时显示新数据；也可以把波形图表的这种工作方式想象为先进先出的队列，新数据到来之后，会把同样长度的旧数据从队列中挤出去。图标下方的滚动条直接对应于显示缓冲器，可观察任何位置的数据。

鼠标右键单击前面板上的波形图表，在右键菜单的"高级"选项中，可以对波形图表的刷新模式进行设置，三种刷新模式如图 5 - 3 所示，从左至右分别为示波器图表、带状图

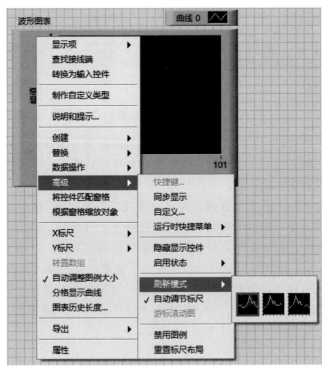

图 5 - 3　波形图表的三种刷新模式

表和扫描图表。带状图表为一个滚动显示屏，当新的数据到达时，整个曲线向左移动，最原始的数据点将会移出视野，最新的数据添加到曲线最右端。

示波器图表、扫描图表和示波器的工作方式十分相似，当数据点多到足以使曲线到达示波器图表绘图区域的右边界时，将清除整个曲线并从绘图区左侧开始

重新绘制，扫描图表和示波器图表非常类似，不同之处是当曲线到达绘图区域右边界时，不是将旧曲线消除，而是用一条移动的红线标记新曲线的开始，并随着新数据的不断增加在绘图区中逐渐移动，示波器图表和扫描图表比带状图表运行速度快。

图 5-4 为波形图表应用的一个实例图。图 5-4（a）为程序框图，图 5-4（b）~图 5-4（d）分别为使用带状图表法、使用示波器图表法、使用扫描图表法。

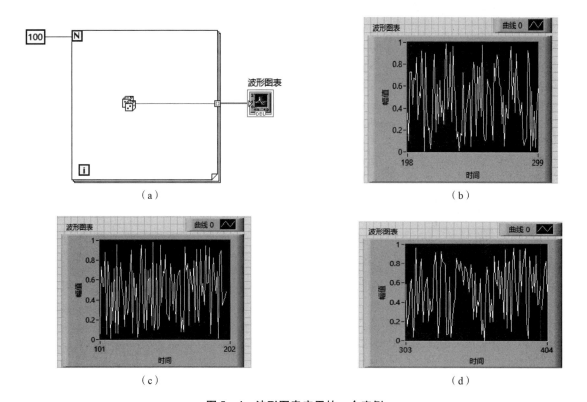

图 5-4　波形图表应用的一个实例
（a）程序框图；（b）使用带状图表法；（c）使用示波器图表法；（d）使用扫描图表法

5.1.3　XY 图

波形图和波形图表只能用于显示一维数组中的数据或一系列单点数据，无法显示需要显示横、纵坐标对的数据。波形图的 Y 值对应实际的测量数据，X 值对应测量点的序号，适合显示等间隔数据序列的变化。比如，按照一定采样时间采集数据的变化，但是波形图不适合绘制两个相互依赖的变量（如 Y/X）。

对于这种曲线，LabVIEW 专门设计了 XY 图。与波形图一样，XY 波形图也是一次性完成波形显示刷新，不同的是 XY 图的输入数据类型为由两组数据打包构成的簇，簇的每一对数据都对应一个显示数据点的 X、Y 坐标，同样可以在"控件"选板→"图形"子选板上找

到。LabVIEW 也提供了 Express XY 图，此时，XY 图前方接入了一个"创建 XY 图"Express VI，分别向两个输入端中接入 X 信号和 Y 信号。

图 5 - 5 展示了一个使用 Express XY 图的实例。该实例中通过公式节点生成圆的上半部分和下半部分，使用"合并信号"函数（在"控件"选板 → "Express" → "信号操作"子选板）合并上半圆和下半圆，分别创建 X 输入信号和 Y 输入信号，将其接入"创建 XY 图"Express VI 的两个输入端，显示为一个圆。

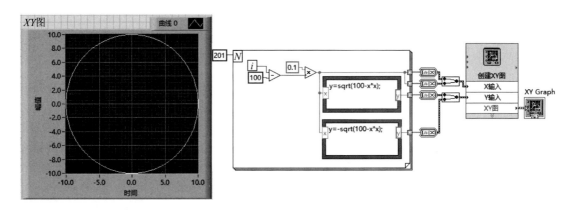

图 5 - 5　Express XY 图应用实例

5.1.4　设置图形显示控件的属性

图形显示控件是 LabVIEW 中相对比较复杂的专门用于数据显示的控件，如波形图表和波形图，其属性相对前面板数值型、文本型和布尔型更为复杂，这里以波形图为例，对其中常用的一些属性和设置方法进行简单说明。

5.1.4.1　属性设置

波形图控件属性对话框，包括"外观""显示格式""曲线""标尺""游标""说明信息""数据绑定""快捷键"8 个选项卡，如图 5 - 6 所示。

其中，在"外观"选项卡中，用户可以设定是否需要显示控件的一些外观参数选项，如"标签""标题""启用状态""显示图形工具选板""显示标尺图例""显示游标图例"等。"显示格式"选项卡可以在"默认编辑模式"和"高级编辑模式"之间进行切换，用于设置图形型控件所显示的数据的格式与精度。"曲线"选项卡用于设置图形型控件绘图时需要用到的一些参数，包括数据点的表示方法、曲线的线型以及颜色等。在"标尺"选项卡中，用户可以设置图形型控件有关标尺的属性，例如，是否显示标尺，标尺的风格、颜色以及栅格的风格及颜色等。在"游标"选项卡里，用户可以选择是否显示游标以及显示游标的风格等。

在一般情况下，LabVIEW 中几乎所有的控件的属性对话框中都会有"说明信息"选项卡，在该选项卡中，用户可以设置对控件的注释及提示。当用户将鼠标指向前面板上的控件时，程序将会显示该提示。

（a）

（b）

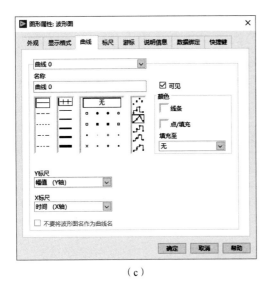

（c）

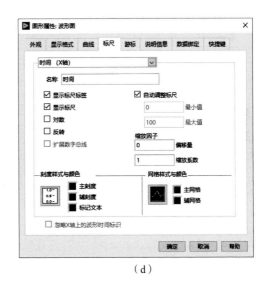

（d）

图 5 - 6　波形图控件属性对话框

（a）"外观"选项卡；（b）"显示格式"选项卡；（c）"曲线"选项卡；（d）"标尺"选项卡

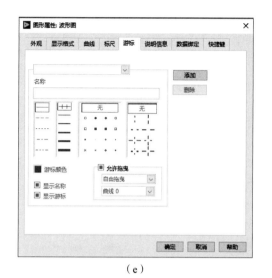
（e）

（f）

（g）

（h）

图 5-6　波形图控件属性对话框（续）

（e）"游标"选项卡；（f）"说明信息"选项卡；（g）"数据绑定"选项卡；（h）"快捷键"选项卡

5.1.4.2　个性化设置

在使用波形图时，为了便于分析和观察，经常使用"显示项"中的"游标图例"，游标的创建可以在游标图例菜单的"创建游标"子菜单中创建。使用游标图例的波形图如图 5-7 所示。

波形图表除了与波形图相同的特性外，还有两个附加选项：滚动条和数字显示。滚动条可以显示已经移出图表的数据，数字显示用于显示最后一个数据点的数字值，如图 5-8 所示。

当是多曲线图表时，可以选择分格显示曲线或层叠显示曲线，如图 5-9 所示。

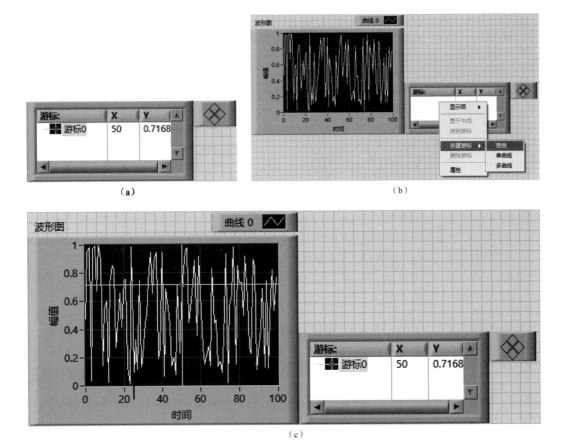

图 5-7　游标的设置

（a）游标图例；（b）游标的创建；（c）添加了游标图例的波形图

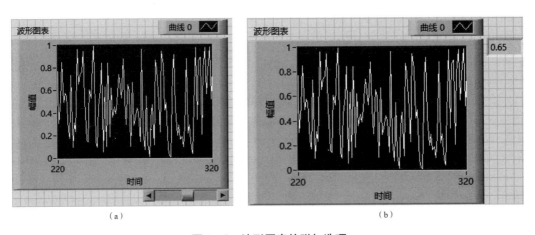

图 5-8　波形图表的附加选项

（a）滚动条；（b）附加显示

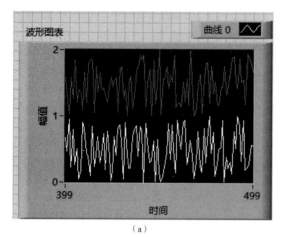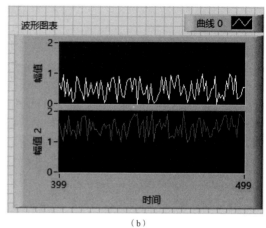

（a）　　　　　　　　　　　　　　　　　（b）

图 5 - 9　多曲线图表的分格显示和层叠显示
（a）层叠显示；（b）分格显示

5.2　强度图和强度图表

强度图与强度图表使用一个二维的显示结构表达一个三维的数据，二者之间的差别主要是刷新方式不同。

5.2.1　强度图

在强度图和强度图表中，强度（z 坐标）数据存储在一个二维数组中，x 坐标和 y 坐标分别为每个数据点的索引值，默认情况下，二维数组的每一行对应强度图或强度图表的每一列，但可以通过右键单击强度图或强度图表控件，选择"转置数组"，使得二维数组的每一行对应强度图或强度图表的每一列。

强度图与曲线显示工具在外形上的最大区别是，强度图表拥有标签为幅值的颜色控制组件，如果把横、纵坐标轴分别理解为 x、y 轴，则幅值组件相当于 z 轴的刻度。强度图接收到新数据时，旧数据的显示会自动清除。

图 5 - 10 为一个强度图应用的实例。该程序前面板上调用了"控件"选板→"数值"子选板上的"带边框颜色盒"控件，用来指定基本颜色以及上下溢出的颜色。程序框图中的上方 For 循环用于定义一个颜色表：For 循环产生大小为 1 ~ 254 的 254 个颜色值，这些值与上下溢出颜色构成了一个容量为 256 的数组送到强度图的色码表属性节点中。这个表中的第一个和最后一个颜色值，分别对应 z 轴（幅值）上溢出和下溢出时的颜色值，当色码属性节点有赋值操作时，颜色表被激活，此时，z 轴的数值颜色对应关系由颜色表决定。

5.2.2　强度图表

与强度图一样，强度图表也是用一个二维的显示结构来表达一个三维的数据类型，但是强度图表接收到新数据时，不会像强度图一样自动清除旧数据的显示，会将新数据的显示接续到旧数据的后面，类似波形图表和波形图的区别。

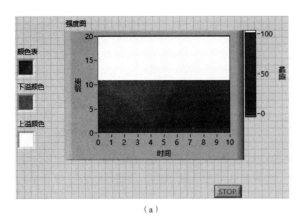
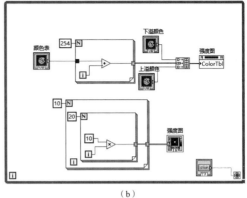

（a） （b）

图 5 - 10 强度图的应用实例

（a）前面板；（b）程序框图

强度图表同样也是接收和显示一个二维的数据数组，但显示方式与强度图不一样。它可以一次性显示一列或几列图像，在屏幕及缓冲区保存一部分旧的图像和数据。每次接收到新的数据时，新的图像紧接着在原有图像的后面显示，当下一列图像将超出显示区域时，将有一列或几列旧图像移出屏幕。数据缓冲区同波形图表一样，也是先进先出，大小可以自己定义，但结构与波形图表（二维）不一样；而强度图表的缓冲区结构是一维的，大小可以自定义，默认为 128 个数据点，可以通过在强度图表上单击右键，在右键菜单中选择"图表历史长度"选项更改缓冲区的大小。

强度图表应用的一个例子如图 5 - 11 所示。输出为一个 $1 \times 1\,000$ 的二维数组，各值分别为 0.2π 的 5、6、7、……，1 004 倍，图表中设置的纵坐标值最大为 50，因此 z 取值范围为 $\pi \sim 11\pi$，即 3.141 59 ~ 34.557 5。

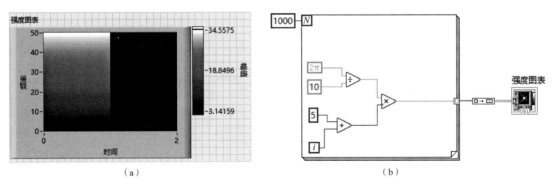

（a） （b）

图 5 - 11 强度图表应用实例

（a）前面板；（b）程序框图

5.3 三维图形

在很多情况下，把数据绘制在三维空间里会更形象、更有表现力，大量实际应用中的数据，如某个平面的温度分布、联合时频分析、飞机的运动等都需要在三维空间中可视化显示数据，三维图形可以令三维数据可视化，修改三维图形属性可以改变数据的显示方式。

LabVIEW 提供了以下 17 种三维图形显示控件，如图 5 - 12 所示。其中，前 14 种在"控件"选板→"新式"→"图形"→"三维图形"子选板上，后三项在"控件"选板→"经典"→"经典图形"子选板上。其中：散点图显示两组数据的统计趋势与关系；条形图生成垂直条带组成的条形图；饼图生成饼状图；杆图显示冲激响应并按分布组织数据；带状图生成平行线组成的带状图；等高线图绘制等高线图；箭头图生成数据曲线；彗星图创建数据点周围有圆圈环绕的动画图；曲面图在相互连接的曲面上绘制数据；网格图绘制有开放空间的网格曲面；瀑布图绘制数据曲面和 y 轴上低于数据点的区域；三维曲面图形在三维空间中绘制一个曲面；三维参数图形在三维空间中绘制一个参数图；三维线条图形在三维空间中绘制曲线；ActiveX 三维曲面图形使用 ActiveX 技术在三维空间中绘制一个曲面；ActiveX 三维参数图形使用 ActiveX 技术在三维空间中绘制一个参数图；ActiveX 三维线条图形使用 ActiveX 技术在三维空间绘制曲线。在此，三个 ActiveX 三维图形模块都是包含了 ActiveX 控件的 ActiveX 容器与某个三维绘图函数的组合。

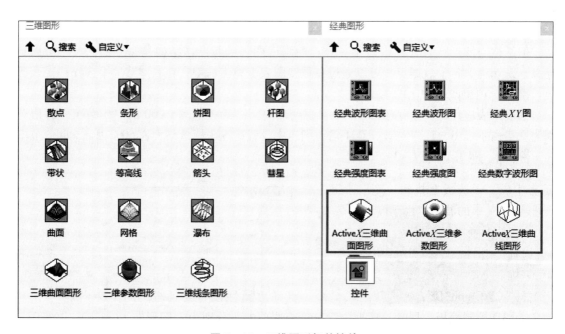

图 5 - 12　三维图形相关控件

5.3.1　三维曲面图

三维曲面图用于显示三维空间的一个曲面，在前面板上放置一个三维曲面图时，程序框图中将出现如图 5 - 13 所示的两个图标，说明三维曲面图相应的程序框图由两部分组成：3D Surface 和三维曲面。其中，3D Surface 只负责图形显示，作图由三维曲面完成。

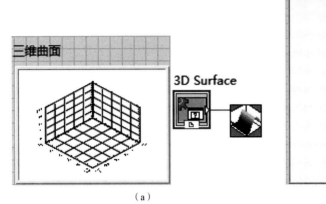
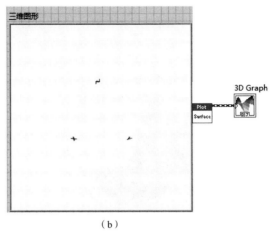

（a） （b）

图 5 - 13 三维曲面图

（a）Active*x* 三维曲面图；（b）"新式"选板中的三维曲面图

　　三维图形输入端口是 Active*x* 控件输入端，该端口的下面是两个一维数组输入端，用以输入 *x*、*y* 坐标值。*z* 矩阵端口的数据类型为二维数组，用以输入 *z* 坐标。三维曲面在作图时采用描点法，即根据输入的 *x*、*y*、*z* 坐标在三维空间确定一系列数据点，然后通过插值得到曲面。在作图时，三维曲面根据 *x* 和 *y* 的坐标数组在 *xOy* 平面上确定一个矩形网格，每个网格节点都对应着三维曲线上的一个点在 *xOy* 坐标平面的投影。*z* 矩阵数组给出了每个网格节点所对应的曲面点的 *z* 坐标，三维曲面根据这些信息就能够完成作图。三维曲面不能显示三维空间的封闭图形，显示封闭图形时应使用三维参数曲面。

　　图 5 - 14 是三维曲面图的一个应用实例。该实例使用 ActiveX 三维曲面图显示控件，输出一个高斯单脉冲信号曲面，"高斯单脉冲信号"VI 可以在"函数"选板→"信号处理"→"信号生成"子选板上找到，输出一个一维数组，出循环体后输出一个二维数组。若使用"波形生成"中的波形，由于波形函数输出的是簇数据类型，将出现数据类型错误。对于前面板的三维曲面图，按鼠标左键并移动鼠标可以改变视点的位置，三维曲面图发生了旋转，松开鼠标后将显示新视点的观察图形，如图 5 - 14（c）和 5 - 14（d）所示。

　　三维曲面图的显示方式同样可以进行更改。右键单击前面板上三维曲面图，从右键菜单中选择"CWGraph3D"→"属性"命令，将弹出属性设置对话框，同时会出现一个小 CWGraph3D 控制面板。属性对话框中含有 7 个选项卡，分别为"图形"（Graph）、"绘图"（Plots）、"轴"（Axes）、"值对"（Value Pairs）、"格式"（Format）、"游标"（Cursors）和"关于"（About）选项卡。下面介绍常用的"图形"（Graph）、"绘图"（Plots）以及"游标"（Cursors）这三个选项卡，其他选项卡的设置方法相似。

5.3.1.1 "图形"（Graph）选项卡

　　"图形"（Graph）选项卡分为 4 个子选项卡："常规属性设置"（General）、"三维显示设置"（3D）、"灯光设置"（Light）和"网格平面设置"（Grid Planes），如图 5 - 15 所示。

　　图 5 - 15（a）所示的"常规属性设置"子选项卡用于设置 CWGraph3D 控件的标题，可

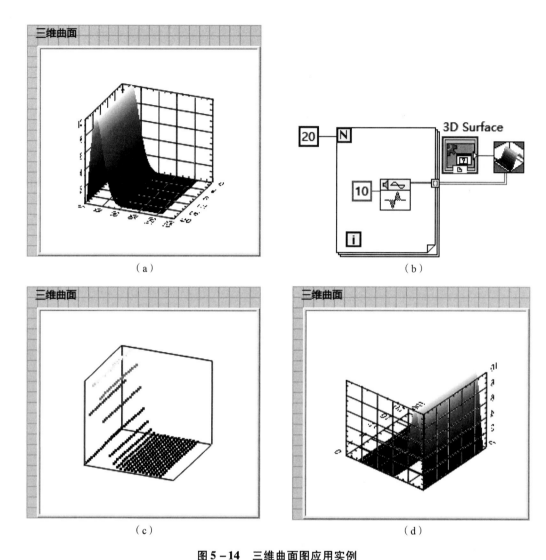

图 5 – 14　三维曲面图应用实例

（a）前面板；（b）程序框图；（c）三维曲面的旋转操作；（d）三维曲面旋转到位后的图像

以设定标题的字体（Font）、图像边框的可见性（Graph frame Visible）、是否开启抖动
（Enable dithering）、是否开启三维加速（Use 3D acceleration）、标题颜色（Caption color）、
标题背景色（Background color）、跟踪时间类型（Track mode）等。

　　图 5 – 15（b）所示的"三维属性设置"子选项卡用于设置投影类型（Projection，包括
正交投影（Orthographic）和透视（Perspective）），是否开启移动、缩放、旋转快速画法
（Fast Draw for Pan/Zoom/Rotate，此项开启时，在进行移动、缩放、旋转时只将用数据点代
替曲面，以提高速度），是否剪切数据（Clip Data to Axes Ranges，若为真（True）则只显示
坐标轴范围内的数据）、视角（View Direction）、用户视角（User Defined View Direction，共
有纬度（Latitude）、精度（Longitude）、视点距离（Distance）三个参数）。

　　图 5 – 15（c）所示的"灯光设置"子选项卡中，除了默认的光照以外，CWGraph3D 控

件还提供了四盏可控制的灯，可以设置是否开启辅助灯光照明（Enable Lighting）、环境光的颜色（Ambient）和每一盏灯的属性（Enable Light，包括纬度、精度、距离、衰减（Attenuation））。

图 5 – 15（d）所示的"网格平面设置"子选项卡可以设置是否显示网格的平面（Show Grid Plane）、平滑网格线（Smooth grid line）以及网格边框的颜色（Grid frame color）。

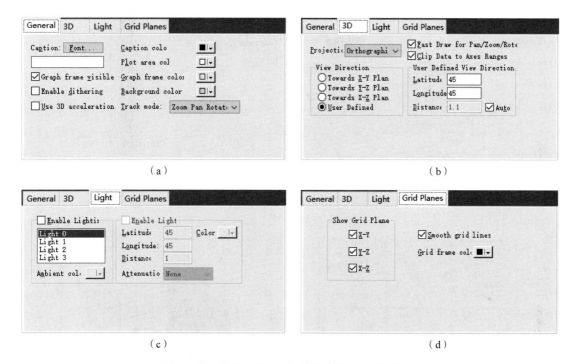

图 5 – 15　图形（Graph）选项卡的四个子选项卡
（a）常规属性设置；（b）三维属性设置；（c）灯光设置；（d）网格设置

5.3.1.2 "绘图"（Plots）选项卡

图 5 – 16（a）所示的"绘图"选项卡可以更改图形的显示风格。若要改变显示风格，可以单击"绘图风格"（Plot Style），将显示如图 5 – 16（b）所示的 9 种风格，默认为"表面"（Surface）。用户可选择其他显示风格，例如，选择"表面 + 网格线"（Surf + Line），显示将如图 5 – 16（c）所示。

5.3.1.3 "游标"（Cursors）选项卡

在三维曲面图中，经常会使用到游标，用户可以在该选项卡中进行设置。添加方法是单击 Add，设置需要的坐标即可，如图 5 – 17 所示。

5.3.2 三维参数图

显示三维空间的封闭曲面时，需要使用三维参数图。三维参数图的前面板与程序框图如图 5 – 18 所示。

在前面板上放置一个三维参数图时，程序框图中将出现两个图标，三维曲面图相应的程序框图由两部分组成：3D Parametric Surface 和 VI"三维参数曲面"。其中，3D Parametric

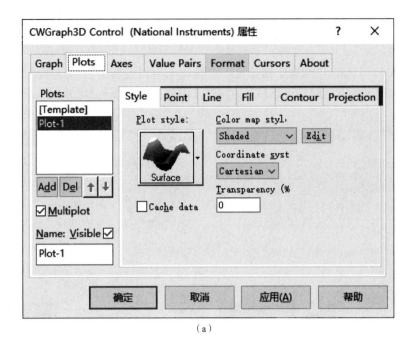

（a）

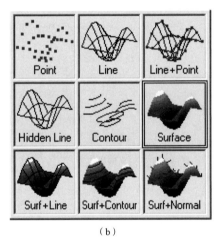

（b）

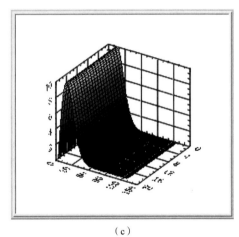

（c）

图 5 - 16　"绘图"（Plots）选项卡

（a）"绘图"选项卡；（b）图形的显示风格；（c）"表面 + 网格线"（Surf + Line）显示图

Surface 只负责图形显示，作图由 VI "三维参数曲面"完成。VI "三维参数曲面"输入量有 X 矩阵、Y 矩阵和 Z 矩阵三个，分别表示参数变化时 X、Y、Z 坐标所形成的二维数组。三维参数曲面的使用较为复杂，可以理解为三个参数方程：$X = fx\ (i,\ j)$；$Y = fy\ (i,\ j)$；$Z = fz\ (i,\ j)$。其中，x、y、z 是图形中点的三维坐标；i 和 j 是两个参数。

图 5 - 19 为一个三维参数图的应用实例。该实例绘制一个三维球面，其参数方程为：

$$\begin{cases} x = \cos\alpha\cos\beta \\ y = \cos\alpha\sin\beta \\ z = \sin\alpha \end{cases}$$

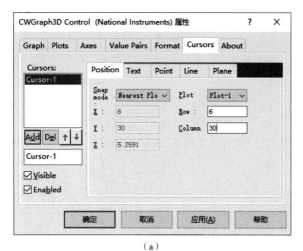
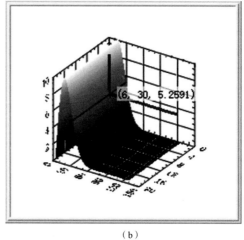

（a）　　　　　　　　　　　　　　　　　　　（b）

图 5 – 17　游标（Cursors）选项卡的使用

（a）添加游标；（b）添加游标后的三维曲面图

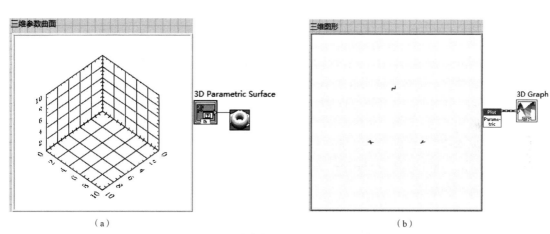

（a）　　　　　　　　　　　　　　　　　　　　　　　（b）

图 5 – 18　三维参数图的前面板与程序框图

（a）ActiveX 三维参数图；（b）新式三维参数图

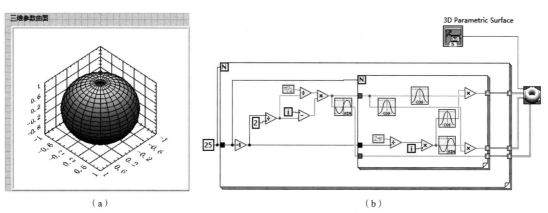

（a）　　　　　　　　　　　　　　　　　　　　　　　（b）

图 5 – 19　三维参数图的一个应用实例

（a）前面板；（b）程序框图

式中，α 是球到球面任意一点的矢径与 z 轴之间的夹角；β 是该矢径在 xOy 平面上的投影与 x 轴之间的夹角。令 α 从 0 变化到 π，步长为 π/24，β 从 0 变化到 2π，步长为 π/12，通过球面的参数方程确定一个球面。正弦函数、余弦函数可以从"编程"选板→"数学"→"初等与特殊函数"→"三角函数"中找到。

5.3.3　三维曲线图

三维曲线图用于显示三维空间中的一条曲线，使用该 VI 时，程序框图中将会出现两个图标：3D Curve 图标和 VI "三维曲线图"的图标。

VI "三维曲线图"的输入端口有 3 个，分别为 x 向量、y 向量和 z 向量，分别对应曲线的三个坐标向量。在编写程序时，只需分别在三个坐标向量上连接一维数组即可显示三维曲线。

图 5 – 20 是一个使用三维曲线图的实例。该实例绘制一个周期的螺旋线，其参数方程如下：

$$\begin{cases} x = \cos\theta \\ y = \sin\theta \\ z = \theta \end{cases}$$

其中 θ 在 0～2π 的范围内，步长为 π/12。从图 5 – 20（a）可以看出，三维曲线显示空间的特性若不加以设置，则直接输出效果不好，因此，需要进行特性设置。在图 5 – 20（b）中，将"特性"对话框中的"图形"选项卡下的"通用"子选项卡中的"绘图区颜色"设置为黑色，将"网格平面"子选项卡中的"网格平面颜色"设置为红色；对于"轴"选项卡，将其中的"网格线"（Grid）子选项卡下的"主要网格线"（Major Grid）设置为绿色；对于"绘图"选项卡，将"风格"（Style）的"颜色谱风格"（Color map style）设置为"颜色频谱"（Color Spectrum）。

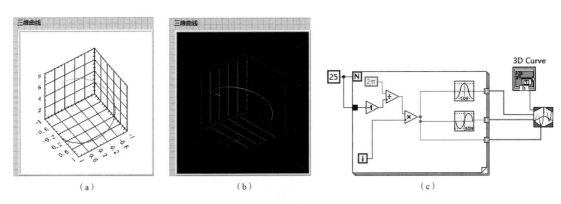

图 5 – 20　三维曲线图应用实例
（a）前面板；（b）优化设置后的前面板；（c）程序框图

三维曲线图有属性浏览器窗口，通过属性浏览器窗口，用户可以很方便地浏览并修改对象的属性，在三维曲线图上右键单击，从弹出的快捷菜单中选择"属性浏览器…"，可以调出图 5 – 21 所示的三维曲线属性浏览器框图。

5.3.5　极坐标图显示控件

极坐标图显示控件可以在"控件"选板→"图形"→"控件"子选板中找到，前面板与程序框图如图 5 - 22 所示。

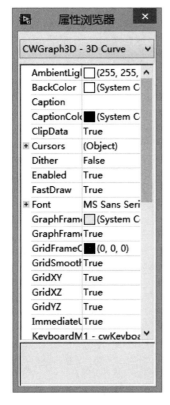

图 5 - 21　属性浏览器窗口

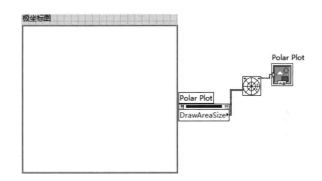

图 5 - 22　极坐标图的前面板与程序框图

在使用极坐标图时，需要提供以极径 R、极角 θ 方式表示的数据点的坐标。极坐标图 VI 端口的输入主要有三个：

（1）数据数组［大小、相位（度）］：连接点列的坐标数组。

（2）尺寸（宽度、高度）：用于设置极坐标图的尺寸，默认等于新图的尺寸。

（3）极坐标属性：设置极坐标图的图形颜色、网格颜色、显示象限等属性。

极坐标图的一个应用实例如图 5 - 23 所示，该实例用于画一个心形曲线，并在极坐标属性端口创建了一个簇输入控件创建极坐标图属性。

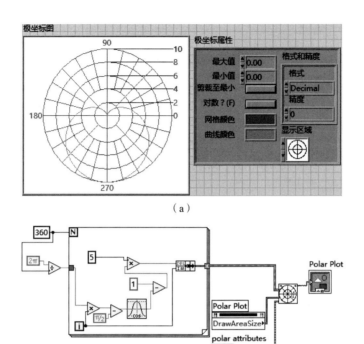

（a）

（b）

图 5 – 23　极坐标图应用的一个实例

（a）前面板；（b）程序框图

第 6 章

信号分析与处理

信号是信息的载体和具体表现形式，可以分为模拟信号和数字信号两大类。模拟信号的时间和幅值均为连续的；数字信号的时间和幅值均为离散的，由模拟信号采样得来。信号的特征可以通过时域或频域描述来表示，时域描述指以时间为自变量，表示信号瞬时值的变化特征；频域描述指以信号的频率结构对信号进行描述。通过傅里叶变换和反傅里叶变换，可以将信号的时域描述和频域描述互换。

LabVIEW 内部集成了 600 多个用于信号生成、频率分析、数学运算、数字信号处理等各种信号分析与处理函数。在 LabVIEW 中，实现信号分析处理功能的 VI 分为 Express VI、波形 VI、基本功能三种，分别对动态数据类型、波形数据类型和数组三种数据进行操作。

6.1 信号分析处理函数

6.1.1 Express VI

实现信号分析与处理的 Express VI 位于"函数"选板"Express"分类中，如图 6 – 1 所示。

图 6 – 1 "Express VI"分类

在"Express VI"子分类下又分为"输入""信号分析""输出""信号操作""执行过程控制"和"算术与比较"6 个子选板。各子选板上的 VI 的作用分别为："输入"子选板用于从仪器中采集信号或生成仿真信号；"信号分析"子选板用于对信号进行分析处理；

"输出"子选板用于数据存入文件、产生报表以及与仪器连接，输出真实信号等；"信号操作"子选板主要用于对信号数据进行操作，比如类型转换、信号合并等；"执行过程控制"子选板包含了一些基本的程序结构以及时间函数；"算术与比较"子选板包含了一些基本数学函数、比较操作符、数字和字符串等。其中"信号分析"与"信号操作"子选板如图 6 - 2 和 6 - 3 所示。

图 6 - 2 "信号分析"子选板　　　　图 6 - 3 "信号操作"子选板

在 LabVIEW 中，Express VI 的输入输出信号数据类型为动态数据类型（Dynamic Data Type，DDT），在框图中的连线和控件显示为深蓝色。动态数据类型的输入端可以连接数值、波形或布尔数据，显示端可以显示为图形或数值。右键单击 DDT 数据端子，在下拉菜单中选择"创建"→"图形显示控件"或"数值显示控件"选项，可以选择显示为图形或数值控件。动态数据类型具有以下特点：

（1）能够携带单点、单通道（一维数组）或多通道（二维数组）的数据或波形数据类型的数据。

（2）包含了一些信号的属性信息，如信号名称、采集日期时间等。

由于普通 VI 不能直接输入动态数据类型，因此需要进行动态数据转换，可以使用"信号操作"子选板上的"从动态数据转换"或"转换至动态数据"VI 实现转换。

多个动态数据类型可以使用"信号操作"子选板上的"合并信号"VI 进行合并，合并后的数据可以使用"信号操作"子选板上的"拆分信号"VI 进行拆分，如图 6-4 和 6-5 所示。

图 6-4　"合并信号"VI

图 6-5　"拆分信号"VI

由于这类 Express VI 都有与其类似的非 Express VI 对应，因此，对这类 Express VI 的详细介绍，我们放到下文中进行合并讲解。

6.1.2　波形 VI

波形 VI 可以在"函数"选板下的"信号处理"子选板上找到，如图 6-6 所示。波形 VI 又分为波形调理和波形测量两大类。

图 6-6　"信号处理"子选板

6.1.2.1　波形调理

波形调理主要用于对信号进行数字滤波和加窗处理。波形调理 VI 节点位于"函数"选板→"信号处理"→"波形调理"子选板上，如图 6-7 所示。波形调理 VI 包括数字 FIR 滤波器、数字 IIR 滤波器、连续卷积、按窗函数缩放、波形对齐（连续/单次）、波形重采样（连续/单次）和滤波器、对齐和重采样、触发与门限三个 Express VI。关于滤波器相关 VI，在 6.4 节会继续进行详细讲解。

6.1.2.2　波形测量

波形测量相关 VI 在"函数"选板→"信号处理"→"波形测量"子选板上（见图 6-8），使用这些 VI 可以进行最基本的时域和频域测量，如直流、平均值、单频频率/幅值/相位测量、谐波失真测量、信噪比及 FFT 测量等。

（1）"基本平均直流—均方根"。

"基本平均直流—均方根"VI 用于从信号输入端输入一个波形或数组，对其加窗，根据

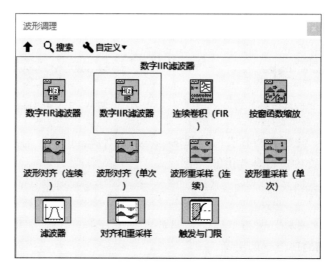

图 6-7 "波形调理"子选板

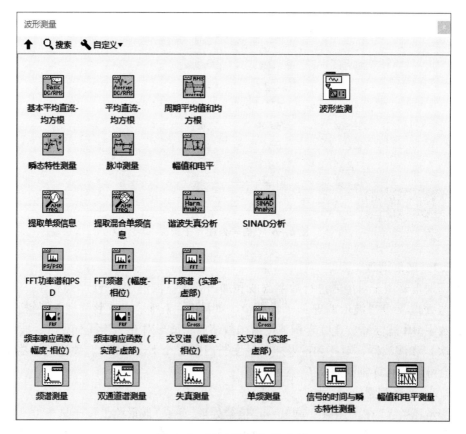

图 6-8 "波形测量"子选板

平均类型输入端口的值计算加窗口信号的平均直流和均方根。信号输入端输入的信号类型不同，将使用不同的多态 VI 实例。输入中，"平均类型"指在测量期间使用的平均类型，可以选择 Linear（线性）或 Exponential（指数）；"窗"输入是在计算 DC/RMS 之前给信号加的窗，可以选择 Rectangular（无窗）、Hannin（汉宁窗）或 Low side lobe（低侧峰窗）。

该 VI 的一个应用实例如图 6-9 所示。

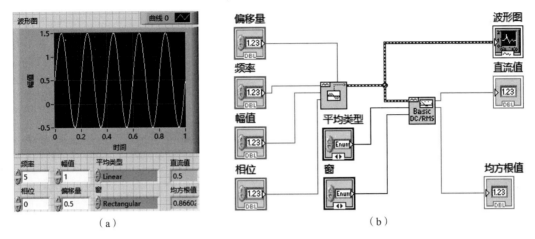

图 6-9　"基本平均直流—均方根" VI 应用实例

（a）前面板；（b）程序框图

（2）瞬态特性测量。

"瞬态特性测量" VI 输入一个波形或波形数组，测量其瞬态持续时间（上升时间或下降时间）、边沿斜率、前冲或过冲，信号输入端输入的信号类型不同，将使用不同的多态 VI 实例。极性指瞬态信号的方向（上升或下降，默认为上升）。

该 VI 的一个应用实例如图 6-10 所示。

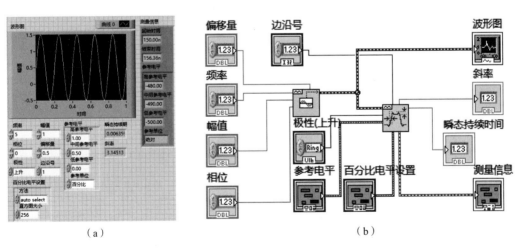

图 6-10　"瞬态特性测量" VI 应用实例

（a）前面板；（b）程序框图

（3）频率响应函数（幅度—相位）。

"频率响应函数（幅度—相位）" VI 用来计算输入信号的频率响应以及相关性，结果返回幅度相位和相关性。一般来说，时间信号 X 是激励，Y 是系统的响应。每一个时间信号对应一个单独的 FFT 模块，因此，必须将每一个时间信号输入一个 VI 中。"重新开始平均"输入端口决定 VI 是否开始平均，若输入为 TRUE，则 VI 将重新开始所选择的平均过程；若输入为 FALSE（默认），则 VI 不会重新开始所选择的平均过程。当第一次调用该 VI 时，平均过程自动重新开始。该 VI 的一个应用实例如图 6 – 11 所示。

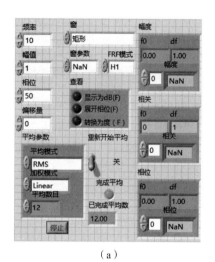
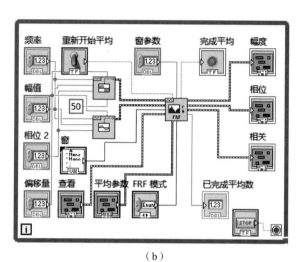

（a）　　　　　　　　　　　　　　　（b）

图 6 – 11　"频率响应函数（幅度—相位）"应用实例

(a) 前面板；(b) 程序框图

（4）幅值和电平测量（Express VI）。

"幅值和电平测量" Express VI 用于测量电平和电压，还可改变显示样式。将一个"幅值和电平测量" Express VI 放置在程序框图上后，将显示"配置幅值和电平测量"对话框。在该对话框中，对该"幅值和电平测量" Express VI 的各项参数进行设置和调整，如图 6 – 12 所示。

下面介绍"配置幅值和电平测量"对话框中的各选项。

①幅值测量。

a. 均值（直流）：采集信号的直流分量。

b. 均方根：计算信号的均方根值。

c. 加窗：给信号加一个 low side lobe（低侧峰）窗，平滑窗可用于缓和有效信号中的急剧变化，若能采集到整数个周期或对噪声谱进行分析，则通常不在信号上加窗。只有勾选了"均值（直流）"或"均方根"复选框，才可使用该选项。

d. 正峰：测量信号中的最高正峰值。

e. 反峰：测量信号中的最低负峰值。

f. 峰峰值：测量信号中的最高正峰与最低负峰之间的差值。

g. 周期平均：测量周期性输入信号一个完整周期的平均电平。

h. 周期均方根：测量周期性输入信号一个完整周期的均方根值。

②结果：显示该 Express VI 所设定的测量和测量结果，单击测量栏中列出的任何测量项，结果预览中将出现相应的数值或图表。

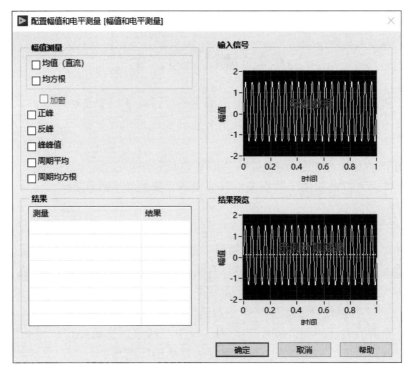

图 6 – 12　"配置幅值和电平测量"对话框

③输入信号：显示输入信号。如果将数据连接往该 Express VI 然后运行，则结果预览将显示实际数据；若关闭后再打开该 Express VI，则结果预览将显示采样数据，直到再次运行该 VI。

④结果预览：显示测量结果预览。如果将数据连接往该 Express VI 然后运行，则结果预览将显示实际数据；若关闭后再打开该 Express VI，则结果预览将显示采样数据，直到再次运行该 VI。

"幅值和电平测量"Express VI 的一个应用实例，如图 6 – 13 所示。

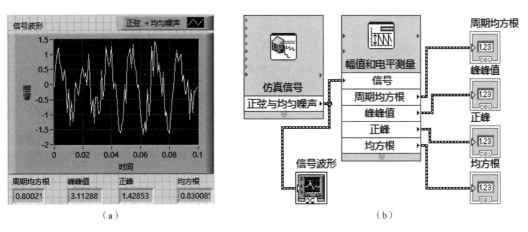

图 6 – 13　"幅值和电平测量"Express VI 应用实例

（a）前面板；（b）程序框图

"波形调理"子选板中其他 VI 节点的使用方法与以上介绍的节点类似。

6.2 测试信号产生

LabVIEW 软件处理的测试信号的波形数据主要通过以下三个途径获得：

（1）对被测的模拟信号，使用数据采集卡或其他硬件电路，进行采样和 A/D 变换，送入计算机。

（2）利用 LabVIEW 中的波形产生 VI 得到仿真信号波形数据。

（3）从文件读入以前的波形数据或由其他仪器采集的波形数据。

6.2.1 仿真信号产生函数

在 LabVIEW 中产生一个仿真信号，相当于通过软件实现一个信号发生器的功能。针对不同的数据形式，LabVIEW 中同样有三个不同层次的信号发生器："仿真信号发生器"Express VI 产生动态数据类型，使用起来最为简单；"波形发生器"VI 产生波形数据类型，使用起来稍复杂；"普通信号发生器"产生数组数据类型，使用起来最为复杂。

LabVIEW 提供了大量的测试信号产生 VI，位于"函数"选板→"信号处理"→"波形生成"子选板中，如图 6-14 所示，可以生成不同类型的信号。

图 6-14 "波形生成"子选板

6.2.2　仿真信号

仿真信号 Express VI 可以模拟正弦波、方波、三角波、锯齿和噪声。该 VI 可以在"函数"选板→"Express"→"信号分析"子选板上找到。

仿真信号 Express VI 原本只有"错误输入"一个输入端和"信号""错误输出"两个输出端，如图 6 − 15 (a) 所示；在配置对话框中选择配置选项后，其图标会发生变化，如图 6 − 15 (b) 所示，是选择添加噪声后的图标。该 Express VI 可以以图标形式显示，如图 6 − 15 (c) 所示。

（a）　　　　　　（b）　　　　　（c）

图 6 − 15　仿真信号 Express VI 图标

（a）配置前；（b）配置后；（c）以图表形式显示

将仿真信号 Express VI 放置在程序框图上后，弹出如图 6 − 16 所示的"配置仿真信号"窗口，可以对仿真信号 Express VI 的参数进行配置，也可以在该 VI 图标上双击鼠标左键进行配置。

下面对配置仿真信号窗口中的选项进行详细介绍。

（1）信号。

①信号类型：模拟的波形类别，可模拟正弦波、矩形波、锯齿波、三角波或直流噪声。

②频率（Hz）：以赫兹为单位的波形频率，默认值为 10.1。

③相位（度）：以度数为单位的波形初始相位，默认值为 0。

④幅值：波形的幅值，默认值为 1。

⑤偏移量：信号的直流偏移量，默认值为 0。

⑥占空比（%）：矩形波在一个周期内高位时间和低位时间的百分比，默认值为 50。

⑦添加噪声：向模拟波形添加噪声。

⑧噪声类型：指定向波形添加的噪声类型，只有勾选了"添加噪声"复选框，才能使用该选项。

（2）定时。

①采样率（Hz）：每秒采样速率，默认值为 1 000。

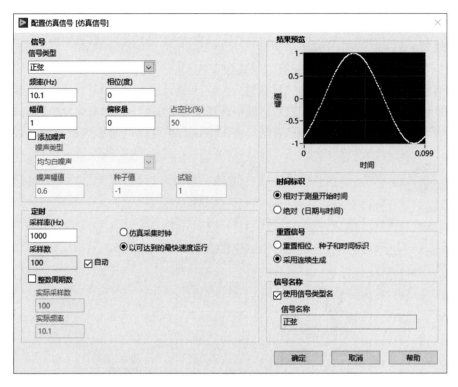

图 6 – 16　配置仿真信号窗口

②采样数：信号的采样总数，默认值为 100。

③自动：将采样数设置为采样率（Hz）的 1/10。

④仿真采集时钟：仿真一个类似于实际采样率的采样率。

⑤以可达到的最快速度运行：在系统允许的条件下尽可能快地对信号进行仿真。

⑥整数周期数：设置最近频率和采样数，使波形包含整数各周期。

⑦实际采样数：表示选择整数周期数时，波形中的实际采样数量。

⑧实际频率：表示选择整数周期数时，波形的实际频率。

（3）时间标识。

①相对于测量开始时间：显示数值对象从 0 起经过的小时、分钟以及秒数。

②绝对（日期与时间）：显示数值对象从格林尼治标准时间 1904 年 1 月 1 日零点至今经过的秒数。

（4）重置信号。

①重置相位、种子和时间标识：将相位重设为相位值，时间标识重设为 0，种子值重设为 – 1。

②采用连续生成：对信号进行连续仿真，不重置相位、时间标识或种子值。

（5）信号名称。

①使用信号类型名：使用默认信号名称。

②信号名称：勾选"使用信号类型名"复选框后，显示默认的信号名称。

（6）结果预览。

用于显示仿真信号的预览。图6-17为"仿真信号"VI的一个应用实例。

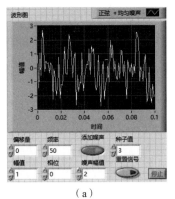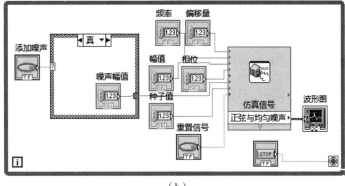

(a)　　　　　　　　　　　　　　　　(b)

图6-17 "仿真信号"VI应用实例图

(a) 前面板；(b) 程序框图

6.2.3 公式波形VI

"公式波形"VI用来生成公式字符串所规定的波形信号，一般为确定性信号，不推荐用其产生随机信号。公式默认为 sin（w*t）* sin *（2*pi（1）* 10）。表6-1列出了已定义的变量名称，图6-18为一个应用实例。

表6-1 "公式波形"VI中定义的变量名称

变量名称	含义
F	频率输入端输入的频率
A	频率输入端输入的幅值
W	$2*pi*f$
N	到目前为止产生的样点数
T	已运行的秒数
Fs	采样信息端输入的 Fs，即采样率

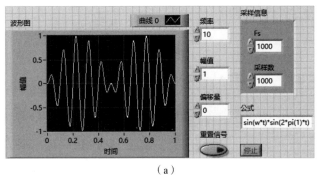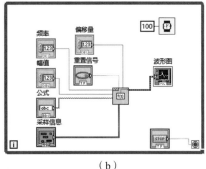

(a)　　　　　　　　　　　　　　　　(b)

图6-18 "公式波形"VI应用实例

(a) 前面板；(b) 程序框图

6.2.4 其他波形生成 VI

6.2.4.1 基本函数发生器

基本函数发生器产生并输出指定类型的波形，该 VI 会记住前一个波形的时间标识，并从前一个时间标识后面继续增加时间标识，它将根据信号类型、采样信息、占空比以及频率的输入量来产生波形。其输入量有以下几种：

（1）偏移量：信号的直流偏移量，默认为 0.0。

（2）重置信号：如果该端口输入为 TRUE，则将根据相位输入信息重置相位，并且将时间标识重置为 0。默认为 FALSE。

（3）信号类型：所发生的信号波形的类型，包括正弦波（Sine Wave）、三角波（Triangle）、方波（Square Wave）和锯齿波（Sawtooth）。

（4）频率：产生信号的频率，单位：Hz。默认值为 10。

（5）幅值：波形的幅值（峰值电压），默认值为 1.0。

（6）相位：波形的初始相位，单位：°，默认为 0。若"重置信号"输入为 FALSE，则 VI 将忽略相位输入值。

（7）采样信息：输入值为簇，包含了采样的信息：以每秒采样的点数表示的采样率 Fs（默认值为 1 000）和波形中包含的采样点数（采样数，默认值为 1 000）。

（8）方波占空比：在一个周期内高电平相对于低电平占的时间的百分比，只有当信号类型输入端选择方波时，该端子才有效，默认值为 50。

（9）信号输出：所产生的信号波形。

（10）相位输出：波形的相位（单位：°）。

"基本函数发生器" VI 的一个应用实例如图 6-19。

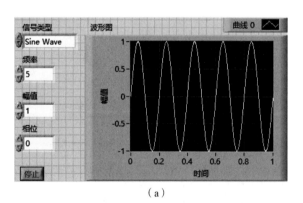
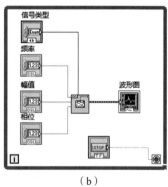

（a）　　　　　　　　　　　　　　（b）

图 6-19　"基本函数发生器" VI 的应用实例

（a）前面板；（b）程序框图

6.2.4.2 正弦波形 VI

正弦波形 VI 可用于产生正弦信号，该 VI 是重入的，因此可用来仿真连续采集信号。如果重置信号输入端为 FALSE，接下来对 VI 的调用将产生下一个包含 n 个采样点的波形，否则，该 VI 记忆当前 VI 的相位信息和时间标识，并据此产生下一个波形的相关信息，图 6-20 为该 VI 的一个应用实例。

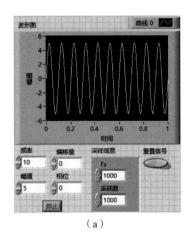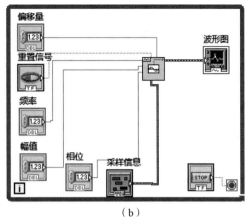

（a）　　　　　　　　　　　　　　　（b）

图 6 - 20　"正弦波形" VI 应用实例

（a）前面板；（b）程序框图

6.2.4.3　均匀白噪声波形 VI

均匀白噪声波形 VI 产生伪随机白噪声，一个应用实例如图 6 - 21 所示。

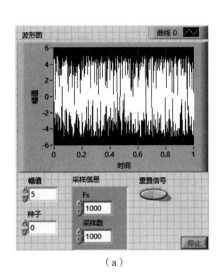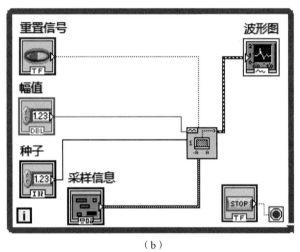

（a）　　　　　　　　　　　　　　　（b）

图 6 - 21　均匀白噪声波形 VI 的应用实例

（a）前面板；（b）程序框图

6.2.4.4　周期性随机噪声波形

周期性随机噪声波形的输出数组包含了一个整周期的所有频率，每个频率成分的幅度谱由"频谱幅值"输入决定，且相位是随机的，输出的数组也可以认为是具有相同幅值随机相位的正弦信号的叠加。图 6 - 22 为该 VI 的一个应用实例。

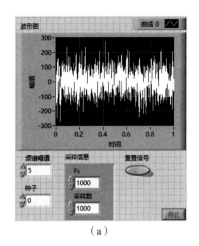
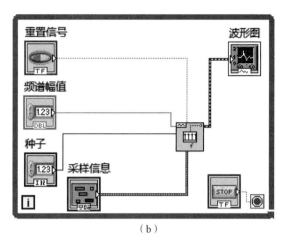

（a）　　　　　　　　　　　　　　　　（b）

图 6 - 22　"周期性随机噪声波形" VI 的应用实例

（a）前面板；（b）程序框图

6. 2. 4. 5　二项分布的噪声波形 VI

二项分布的噪声波形 VI 产生一个二项分布的噪声波形，其中，"试验概率"输入项给定试验为 True（1）的概率，默认值为 0. 5；"试验"指为一个输出信号元素所发生的试验个数，默认值为 1。图 6 - 23 为该 VI 的一个应用实例。

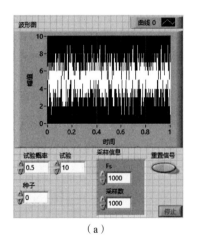
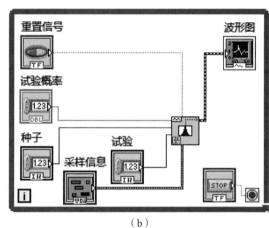

（a）　　　　　　　　　　　　　　　　（b）

图 6 - 23　"二项分布的噪声波形" VI 的应用实例

（a）前面板；（b）程序框图

6. 2. 4. 6　Bernoulli 噪声波形 VI

Bernoulli 噪声波形 VI 产生伪随机 0 ~ 1 信号，信号输出的每一个元素经过取 1 概率的输入值运算。如果取 1 概率输入端的值为 0. 7，那么信号输出的每个元素将会有 70% 的概率为 1，有 30% 的概率为 0。图 6 - 24 为该 VI 的一个应用实例。

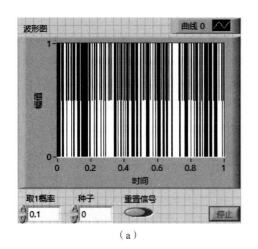
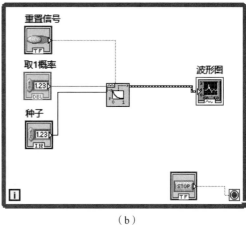

（a）　　　　　　　　　　　　　　　　（b）

图 6 - 24　"Bernoulli 噪声波形" VI 应用实例

（a）前面板；（b）程序框图

6.3　信号的频率分析

测试技术中的谱分析是把时间域的各种动态信号通过傅里叶变换转换到频率域进行。信号的频率分析包括频谱分析（包括幅值谱和相位谱、实部频谱和虚部频谱分析）、功率谱分析（包括自谱和互谱）、频率响应函数分析（系统输出信号与输入信号频谱之比）、相干函数分析（系统输入信号与输出信号之间谱相关程度）等。

输入计算机的信号是采样后的离散、有限长时间序列 $x(n)$，对应的离散频谱为 $X(k)$。$x(n)$ 与 $X(k)$ 的转换可以通过离散傅里叶变换（DFT）和反变换（IDFT）实现：

$$\begin{cases} X(k) = \sum_{n=0}^{N-1} x(n)\, e^{-j\frac{2\pi}{N}nk}, k=0,1,2,\cdots,N-1 \\ x(n) = \frac{1}{N}\sum_{n=0}^{N-1} X(k)\, e^{j\frac{2\pi}{N}nk}, n=0,1,2,\cdots,N-1 \end{cases} \tag{6-1}$$

使用以上定义式计算 N 点序列 $x(n)$ 的离散傅里叶变换需要 N^2 次复数乘法，计算量非常大，实际应用中一般采用快速傅里叶变换（FFT）及其反变换（IFFT）实现，一般要求输入序列样点数 N 为 2 的整数次幂，如 $2^{10}=1\,024$。

LabVIEW 中的频谱分析 VI 分别有"频谱测量" Express VI、波形 VI 中的"FFT 频谱（幅度—相位）"和"FFT 交叉谱（实部—虚部）" VI 等。

6.3.1　"频谱测量" Express VI

"频谱测量" Express 用于基于 FFT 的频谱测量，如信号的平均幅度频谱、功率谱、相位谱，该 VI 显示样式可改变。将一个"频谱测量" Express VI 放置在程序框图上后，将显示"配置频谱测量"对话框。在该对话框中，可以对"频谱测量" Express VI 的各项参数进行设置和调整，如图 6 - 25 所示。

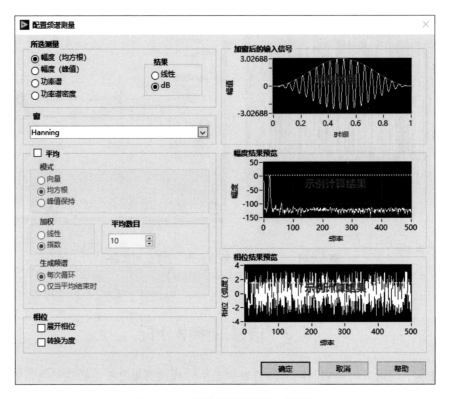

图 6-25 "配置频谱测量"对话框

下面对"配置频谱测量"窗口中的选项进行介绍。

（1）所选测量：

①幅度（峰值）：测量频谱，并以峰值的形式显示结果。该测量通常与要求幅度和相位信息的高级测量配合使用，以峰值测量频谱幅度。例如，幅值为 A 的正弦波在频谱响应的频率上产生了一个幅值 A，将相位分别设置为展开相位或转换为度，可展开相位频谱或将其从幅度转换为角度；如勾选"平均"复选框，平均运算后，相位输出为 0。

②幅度（均方根）：测量频谱，并以均方根（RMS）的形式显示结果。该测量通常与要求幅度和相位信息的高级测量配合使用，以均方根测量频谱幅度。幅值为 A 的正弦波在频谱响应的频率上产生了一个幅值 0.707A，将相位分别设置为展开相位或转换为度，可展开相位频谱或将其从幅度转换为角度；如勾选"平均"复选框，平均运算后，相位输出为 0。

③功率谱：测量频谱，并以功率的形式显示结果，所有相位信息都在计算中丢失。该测量通常用来检测信号中的不同频率分量，虽然平均化计算功率频谱不会降低系统中的非期望噪声，但提供了测试随机信号电平的可靠统计估计。

④功率谱密度：测量频谱，并以功率谱密度（PSD）的形式显示结果。将功率谱归一化可得到功率谱密度，其中各功率谱区间中的频率按照区间宽度进行归一化，通常使用这种测量检测信号的本底噪声或特定频率范围内的功率。根据区间宽度归一化功率谱，使该测量独立于信号持续时间和样本数量。

（2）结果：

可选择线性（以原单位返回结果）或 dB（以分贝（dB）为单位返回结果）。

（3）窗：

可选择无（不在信号中使用窗）、Hanning 窗、Hamming 窗、Blackman – Harris 窗、Exact Blackman 窗、Flat Top 窗、4 阶或 7 阶 Blackman – Harris 窗以及 Low Sidelobe 窗。

（4）平均：

指定该 Express VI 是否计算平均值。

（5）模式：

①向量：直接计算复数 FFT 频谱的平均值，向量平均从同步信号中消除噪声。

②均方根：平均信号 FFT 频谱的能量或功率。

③峰值保持：在每条频率线上单独求平均，将峰值电平从一个 FFT 记录保持到下一个。

（6）加权：

①线性：指定线性平均，求数据包的非加权平均值，数据包的个数由用户在平均数目中指定。

②指数：指定指数平均，求数据包的加权平均值，数据包的个数由用户在平均数目中指定，数据包的时间越新，其权重值越大。

（7）平均数目：

指定待求平均的数据包数量，默认为 10。

（8）生成频谱：

①每次循环：Express VI 每次循环后返回频谱。

②仅当平均结束时：只有当 Express VI 收集到在平均数目中指定数目的数据包时，才返回频谱。

（9）相位：

①展开相位：在输出相位上启用相位展开。

②转换为度：以度为单位返回相位结果。

（10）加窗后的输入信号：

显示通道 1 的信号，该图形显示加窗后的输入信号。如果将数据连接往该 Express VI 然后运行，则结果预览将显示实际数据；若关闭后再打开该 Express VI，则结果预览将显示采样数据，直到再次运行该 VI。

（11）幅度结果预览：

显示信号幅度测量的预览。如果将数据连接往该 Express VI 然后运行，则结果预览将显示实际数据；若关闭后再打开该 Express VI，则结果预览将显示采样数据，直到再次运行该 VI。

"频谱测量" Express VI 的一个应用实例如图 6 – 26 所示。

6.3.2　窗相关 VI

在基本频域分析函数 VI 中，不提供窗函数参数，但是提供了单独的窗函数原型 VI。窗相关 VI 在"函数"选板→"信号处理"→"窗"子选板上（见图 6 – 27），使用这些 VI 可以使用平滑窗对数据进行加窗处理。"窗"子选板上的 VI 可以返回一个通用 LabVIEW 错误代码或者特殊信号处理错误代码。这里介绍"时域缩放窗"和"窗属性"两个常用 VI 的使用方法。

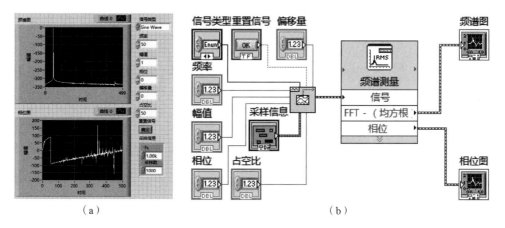

（a）　　　　　　　　　　　　　　　　　　　（b）

图 6 - 26　"频谱测量" Express VI 的应用实例

（a）前面板；（b）程序框图

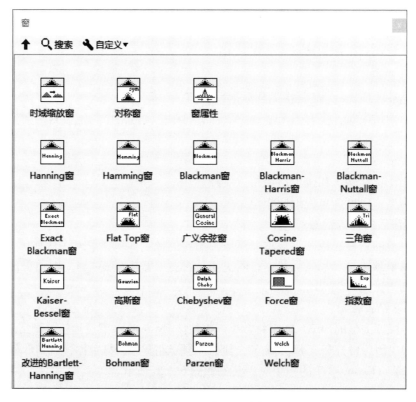

图 6 - 27　"窗"子选板

6.3.2.1　时域缩放窗 VI

时域缩放窗 VI 对输入的 X 序列加窗。X 输入端输入信号的类型决定了节点所使用的多态 VI 实例，时域缩放窗 VI 也返回选择窗的属性信息，当计算功率谱时，这些信息是非常重要的。图 6 - 28 为该 VI 的一个应用实例。

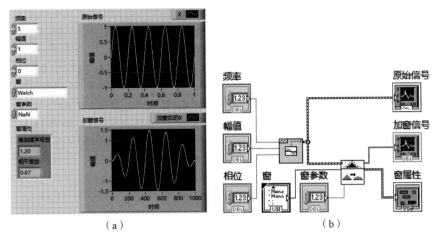

图 6 - 28 "时域缩放窗" VI 的一个应用实例

(a) 前面板; (b) 程序框图

6.3.2.2 窗属性 VI

包括"窗属性" VI 计算窗的相干增益和等效噪声带宽。图 6 - 29 为该 VI 的一个应用
实例。

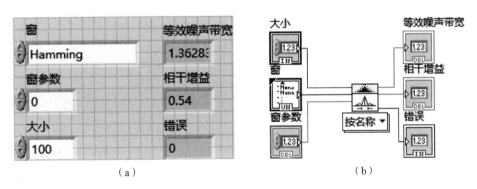

图 6 - 29 "窗属性" VI 的一个应用实例

(a) 前面板; (b) 程序框图

6.3.3 FFT 频谱 (幅度—相位)

FFT 频谱 (幅度—相位) VI 用于计算时间信号的 FFT 频谱, 返回信号的幅度与相位。
时间信号输入端输入信号的类型决定使用何种多态 VI 实例。该 VI 的输入量主要有以下
几种。

(1) 重新开始平均:

如果重新开始平均过程时, 需要将输入置为 TRUE。

(2) 窗:

所使用的时域窗, 包括矩形窗、Hanning 窗 (默认)、Hamming 窗、Blackman - Harris
窗、Exact Blackman 窗、Blackman 窗、Flat Top 窗、4 阶 Blackman - Harris 窗、7 阶 Blackman -

Harris 窗、Low Sidelobe 窗、Blackman Nuttall 窗、三角窗、Barlett - Hanning 窗、Bohman 窗、Parzen 窗、Welch 窗、Kaiser 窗、Dolph - Chebyshev 窗和高斯窗。

（3）查看：

定义了该 VI 不同的结果怎样返回，输入量是一个簇数据类型，如图 6 - 30（a）所示：

①显示为 dB：结果是否以分贝（dB）形式表示，默认为 FALSE。

②展开相位：是否将相位展开，默认为 FALSE。

③转换为度：是否将输出相位结果的弧度表示转换为度的表示，默认为 FALSE，即默认情况下相位输出以弧度表示。

（4）平均参数：

是一个簇数据类型，定义了如何计算平均值，如图 6 - 30（b）所示。

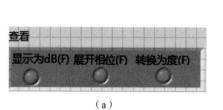

（a）　　　　　　　　　　（b）

图 6 - 30　"FFT 频谱（幅度—相位）" VI 的两个输入簇

（a）查看端口输入簇；（b）平均参数输入簇

①平均模式：选择平均模式，包括 No averaging（无平均模式，默认）、Vector averaging（向量平均）、RMS averaging（均方根平均）和 Peak Hold（峰保持）四个选项。

②加权模式：为 RMS averaging 和 Vector averaging 模式选择加权模式，包括 Linear（线性）模式和 Exponential（指数）模式（默认）。

③平均数目：进行 RMS averaging 和 Vector averaging 平均时使用的平均数目，如果加权模式为 Exponential（指数）模式，则平均过程连续进行；如果加权模式为 Linear（线性）模式，在所选择的平均数目被运算后，平均过程停止。

该 VI 的一个应用实例如图 6 - 31 所示。

6.3.4　谐波分析及其 LabVIEW 实现——失真测量 Express VI

失真测量 Express VI 用于在信号上进行失真测量，如音频分析、总谐波失真（THD）、信号与噪声失真比（SINAD，即信纳比）。该 VI 的显示样式可改变。将一个"失真测量"Express VI 放置在程序框图上后，将显示"配置失真测量"对话框。在该对话框中，可以对该"失真测量"Express VI 的各项参数进行设置和调整，如图 6 - 32 所示。

下面对"配置失真测量"对话框中的各选项进行介绍。

（1）失真：

①SINAD（dB）：计算测得的信号与噪声失真比（SINAD，即信纳比）。信纳比是信号 RMS 能量与信号 RMS 能量减去基波能量所得结果之比，单位为 dB。如需以 dB 为单位计算

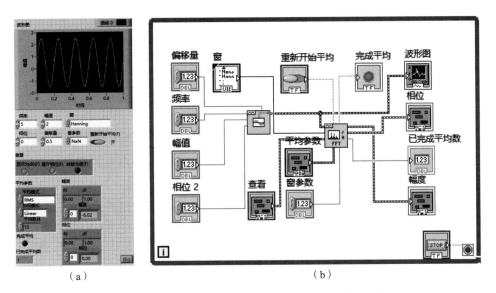

图 6-31　"FFT 频谱（幅度-相位）" VI 的应用实例

（a）前面板；（b）程序框图

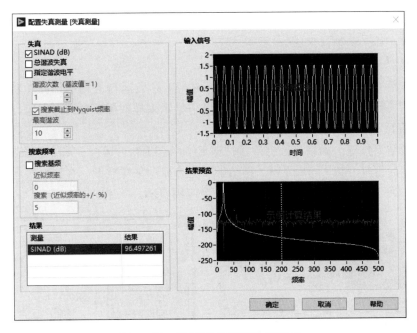

图 6-32　"配置失真测量" 对话框

THD 和噪声，可取消选择 SINAD。

②总谐波失真（THD）：计算达到最高谐波时测量到的总谐波失真（包括最高谐波在内）。THD 是谐波的均方根总量与基频幅值之比，要将 THD 作为百分比使用，乘以 100 即可。

③指定谐波电平：返回用户指定的谐波。

④谐波次数（基波值 = 1）：指定要测量的谐波，只有选中"指定谐波电平"时，才能使用该选项。

⑤搜索截止到 Nyquist 频率：指定在谐波搜索中仅包含 Nyquist 频率（采样率的一半）的频率，只有选中"总谐波失真"或"指定谐波电平"时，才能使用该选项。取消勾选该选项，则该 VI 继续搜索超出 Nyquist 频率的频域，更高的频率成分根据以下方程混叠：aliased $f = Fs - (f \bmod Fs)$，其中 $Fs = 1/dt$（即采样率）。

⑥最高谐波：控制最高谐波，包括基频，用于谐波分析。例如，对于 3 次谐波分析，将最高谐波设为 3，以测量基波、2 次谐波和 3 次谐波，只有选中"总谐波失真"或"指定谐波电平"时，才能使用该选项。

（2）搜索频率：

①搜索基频：控制频域搜索范围，指定中心频率以及频率宽度，用于寻找信号的基频。

②近似频率：用于在频域中搜索基频的中心频率，默认值为 0，如将近似频率设为 1，则该 Express VI 将使用幅值最大的频率作为基频，只有勾选了"搜索基频"复选框，才可使用该选项。

③搜索（近似频率的 + / - %）：频带宽度，以采样率的百分比表示，用于在频域中搜索基频，默认值为 5。只有勾选了"搜索基频"复选框，才可使用该选项。

（3）结果：

显示该 Express VI 所设定的测量以及测量结果。单击测量栏中列出的任何测量项，结果预览中将出现相应的数值或图表。

（4）输入信号：

显示输入信号。如果将数据连接往该 Express VI 然后运行，则结果预览将显示实际数据；若关闭后再打开该 Express VI，则结果预览将显示采样数据，直到再次运行该 VI。

（5）结果预览：

显示测量结果预览。如果将数据连接往该 Express VI 然后运行，则结果预览将显示实际数据；若关闭后再打开该 Express VI，则结果预览将显示采样数据，直到再次运行该 VI。

图 6 – 33 为"失真测量"Express VI 的一个应用实例。

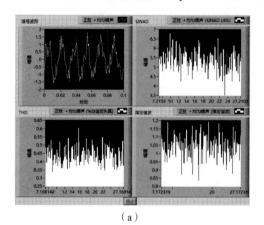
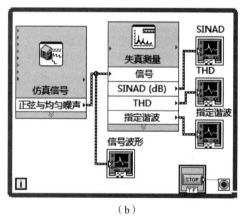

（a）　　　　　　　　　　　　　　　　（b）

图 6 – 33　"失真测量" Express VI 应用实例

（a）前面板；（b）程序框图

6.4　数字滤波在 LabVIEW 中的应用及软件实现

6.4.1　"滤波器" Express VI

"滤波器" Express VI 用于通过滤波器和窗对信号进行处理，该 VI 可以在"函数"选板→"Express"→"信号分析"子选板上找到。

当将"滤波器" Express VI 放置在程序框图上时，将弹出如图 6 - 34 所示的"配置滤波器"窗口，使用鼠标左键双击滤波器图标或者在右键菜单中选择"属性"选项也会显示该配置窗口。在该窗口中可以对"滤波器" Express VI 的参数进行配置。

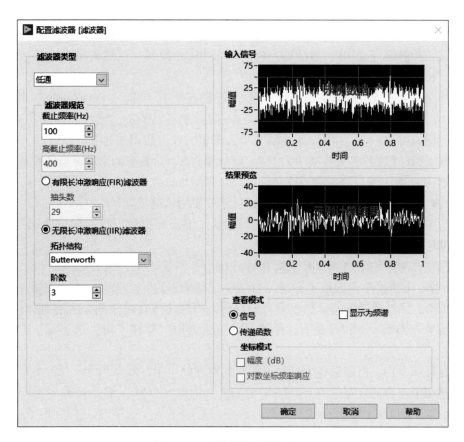

图 6 - 34　"配置滤波器"窗口

下面对窗口中各个选项进行介绍。

（1）滤波器类型：

在下列滤波器中指定使用的类型：低通、高通、带通、带阻和平滑，默认值为低通。

（2）滤波器规范：

①截止频率（Hz）：指定滤波器的截止频率，默认值为 100。只有从"滤波器类型"下拉菜单中选择"低通"或"高通"时，才可使用此选项。

②低截止频率（Hz）：指定滤波器的低截止频率，必须低于高截止频率（Hz）且符合奈奎斯特准则，默认值为 100。只有从"滤波器类型"下拉菜单中选择"带通"或"带阻"时，才可使用此选项。

③高截止频率（Hz）：指定滤波器的高截止频率，必须高于低截止频率（Hz）且符合奈奎斯特准则，默认值为 400。只有从"滤波器类型"下拉菜单中选择"带通"或"带阻"时，才可使用此选项。

④有限长冲激响应（FIR）滤波器：创建一个 FIR 滤波器，该滤波器仅依赖于当前和过去的输入，因为滤波器不依赖过往输出，在有限时间内脉冲响应可以衰减至 0。由于 FIR 滤波器返回一个线性相位响应，所以该滤波器可用于需要线性响应的应用程序。

⑤抽头数：指定 FIR 系统的总数，系数必须大于 0，默认值为 29。增加抽头数的值，可以使带通和带阻之间的转化更为急剧，但增加抽头数会降低处理速度。只有选中了"有限长冲激响应（FIR）滤波器"单选按钮，才可使用该选项。

⑥无限长冲激响应（IIR）滤波器：创建一个 IIR 滤波器，该滤波器为带脉冲响应的数字滤波器，长度和持续时间在理论上是无穷的。

⑦拓扑结构：确定滤波器的设计类型，可创建巴特沃斯（Butterworth）、切比雪夫（Chebyshev）、反切比雪夫、椭圆或贝塞尔（Bessel）滤波器类型，默认为 Butterworth。只有选中了"无限长冲激响应（IIR）滤波器"单选按钮，才可使用该选项。

⑧其他：IIR 滤波器的阶数必须大于 0，默认值为 3。阶数值的增加将会使带通和带阻之间的转换更加急剧，但处理速度会降低，信号开始时的失真点数也会增加。只有选中了"无限长冲激响应（IIR）滤波器"单选按钮，才可使用该选项。

⑨移动平均：产生前向（FIR）系数。只有从"滤波器类型"下拉菜单中选择"平滑"时，才可使用该选项。

⑩矩形：移动平均窗中的所有采样在计算每个平滑输出采样时有相同的权重。只有从"滤波器类型"下拉菜单中选择"平滑"且选中"移动平均"选项时，才可使用该选项。

⑪三角形：用于采样的移动加权窗为三角形，峰值出现在窗中间，两边对称斜向下降。只有从"滤波器类型"下拉菜单中选择"平滑"且选中"移动平均"选项时，才可使用该选项。

⑫半宽移动平均：指定采样中移动平均窗的宽度的一半，默认值为 1。若半宽移动平均为 M，则移动平均窗的全宽为 $N = 2M + 1$ 个采样，因此，全宽 N 总是奇数个采样。只有从"滤波器类型"下拉菜单中选择"平滑"且选中"移动平均"选项时，才可使用该选项。

⑬指数：产生首续 IIR 系数。只有从"滤波器类型"下拉菜单中选择"平滑"时，才可使用该选项。

⑭指数平均的时间常量：指数加权滤波器的时间常量（秒），默认值为 0.001。只有从"滤波器类型"下拉菜单中选择"平滑"且选中"指数"选项时，才可使用该选项。

（3）输入信号：

显示输入信号，如将数据连接往 Express VI，然后运行，则将显示实际数据；如关闭后再打开 Express VI，则结果预览将显示采样数据直到再次运行该 VI。

（4）结果预览：

显示结果预览，如将数据连接往 Express VI，然后运行，则将显示实际数据；如关闭后再打开 Express VI，则结果预览将显示采样数据直到再次运行该 VI。

（5）查看模式：

①信号：以实际信号形式显示滤波器响应。

②显示为频谱：指定将滤波器的实际信号显示为频谱，或保留基于时间的显示方式。频率显示适用于查看滤波器如何影响信号的不同频率成分，默认状态下，按照基于时间的方式显示滤波器响应，只有选中信号，才能使用该选项。

③传递函数：以传递函数形式显示滤波器响应。

（6）坐标模式：

①幅度（dB）：以 dB 为单位显示滤波器的幅度响应。

②对数坐标频率响应：在对数标尺中显示滤波器的频率响应。

（7）幅度响应：

显示滤波器的幅度响应。只有将"查看模式"设为"传递函数"，才可使用该显示框。

（8）相位响应：

显示滤波器的相位响应。只有将查看模式设为"传递函数"，才可使用该显示框。

"滤波器"Express VI 的一个应用实例如图 6 – 35 所示。

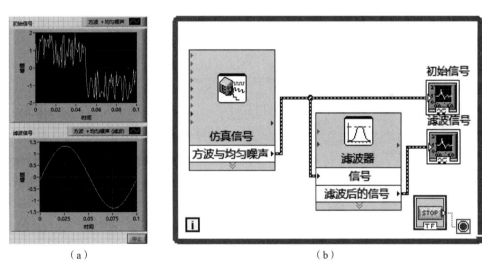

（a）　　　　　　　　　　　　　　　　　　（b）

图 6 – 35　"滤波器"Express VI 的一个应用实例

(a) 前面板；(b) 程序框图

6.4.2　数字 FIR 滤波器 VI

"数字 FIR 滤波器"VI 根据 FIR 滤波器规范和可选 FIR 滤波器规范的输入数组对波形进行滤波。该 VI 可对单波形和多波形进行滤波。如果对多波形进行滤波，则 VI 将对每一个波形进行相同的滤波，但将对每一个波形使用不同的滤波器，并且保证每一个波形是相互分离的。

（1）FIR 滤波器规范。

选择一个 FIR 滤波器的最小值，是一个簇数据类型，包含以下输入量：

①拓扑结构：决定了滤波器的类型，包括的选项是 Off（默认）、FIR by Specification、Equi – ripple FIR 和 Windowed FIR。

②类型：决定了滤波器的通带，包括 Lowpass（低通）、Highpass（高通）、Bandpass（带通）和 Bandstop（带阻）。

③抽头数：FIR 滤波器抽头数量，默认为 50。

④最低通带：两个通带频率中低的一个，默认值为 100Hz。

⑤最高通带：两个通带频率中高的一个，默认值为 0。

⑥最低阻带：两个阻带频率中低的一个，默认值为 200Hz。

⑦最高阻带：两个阻带频率中高的一个，默认值为 0。

（2）可选 FIR 滤波器规范。

用来设定 FIR 滤波器可选的附加参数，是一个簇数据类型，包含以下输入：

①通带增益：通带频率的增益，可以是线性或对数来表示，默认值为 – 3dB。

②阻带增益：组带频率的增益，可以是线性或对数来表示，默认值为 – 60dB。

③标尺：决定了通带增益和阻带增益的翻译方法。

④窗：选择平滑窗的类型，平滑窗减小滤波器通带中的纹波，并改善阻带中滤波器衰减频率的能力。

图 6 – 36 为"数字 FIR 滤波器" VI 的一个应用实例，该实例对生成的一个添加噪声的锯齿波信号进行了数字 FIR 滤波处理。

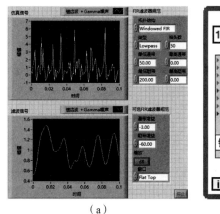
（a）

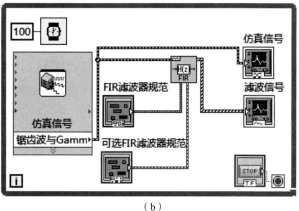
（b）

图 6 – 36 "数字 FIR 滤波器" VI 的应用实例

（a）前面板；（b）程序框图

6.4.3 滤波器相关 VI

滤波器相关 VI 在"函数"选板→"信号处理"→"滤波器"子选板上（见图 6 – 37），使用这些 VI 可以进行 IIR、FIR 以及非线性滤波。"滤波器"子选板上的 VI 可以返回一个通用 LabVIEW 错误代码或者特殊信号处理错误代码。

这里只介绍 Butterworth 滤波器和 Chebyshev 滤波器两个常用 VI 的使用方法。

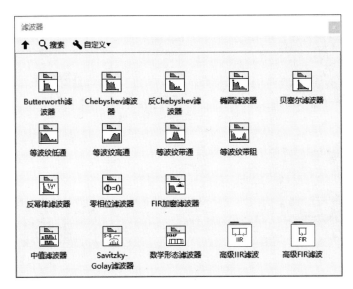

图 6 - 37　"滤波器"子选板

6.4.3.1　Butterworth 滤波器 VI

通过调用 Butterworth 滤波器 VI 节点产生一个数字 Butterworth 滤波器。X 输入端信号的类型决定了节点所使用的多态 VI 实例。Butterworth 滤波器 VI 的输入主要有以下几个：

（1）滤波器类型：对滤波器的通带进行选择，包括 Lowpass（低通）、Highpass（高通）、Bandpass（带通）和 Bandstop（带阻）四种类型。

（2）采样率：采样率必须高于 0，默认为 1.0，如果采样率高于或等于 0，VI 将滤波后的 X 输出为一个空数组并返回一个错误。

（3）高截止频率：当滤波器为低通或高通滤波器时，VI 将忽略该参数；当滤波器为带通或带阻滤波器时，高截止频率必须大于低截止频率。

（4）低截止频率：必须遵从奈奎斯特定律，默认值为 0.125。如果低截止频率低于或等于 0 或大于采样率的一半，VI 将滤波后的 X 设置为一个空数组并返回一个错误；当滤波器选择为带通或带阻时，低截止频率必须小于高截止频率。

（5）阶数：选择滤波器的阶数，该值必须大于 0，默认为 2；若阶数小于 0，VI 将滤波后的 X 设置为一个空数组并返回一个错误。

（6）初始化/连续：内部状态初始化控制，默认为 FALSE。第一次运行该 VI 或初始化/连续输入端口为 FALSE，LabVIEW 将内部状态初始化为 0；如果初始化/连续输入端口为 TRUE，LabVIEW 初始化该 VI 的状态为最后调用 VI 实例的状态。

图 6 - 38 为 "Butterworth 滤波器" VI 的一个应用实例。

6.4.3.2　Chebyshev 滤波器 VI

通过调用 "Chebyshev 滤波器" VI 节点产生一个 Chebyshev 数字滤波器。X 输入端信号的类型决定了节点所使用的多态 VI 实例。Chebyshev 滤波器 VI 的输入除了 Butterworth 滤波器 VI 的输入以外，还有波纹（dB）。通带中的波纹，波纹必须大于 0，并且是以分贝的形式表示的，默认为 0.1。如果波纹输入小于或等于 0，VI 将滤波后的 X 设置为一个空数组并返

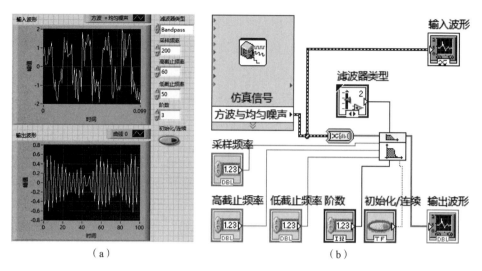

（a）

（b）

图 6 – 38 "Butterworth 滤波器" VI 的一个应用实例

（a）前面板；（b）程序框图

回一个错误。

图 6 – 39 为"Chebyshev 滤波器"Express VI 的一个应用实例。

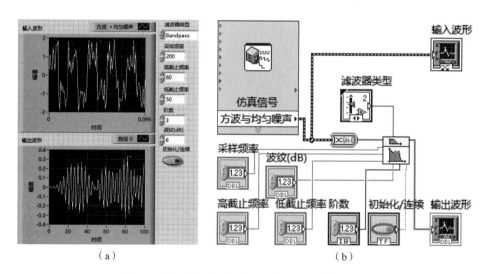

（a）

（b）

图 6 – 39 "Chebyshev 滤波器" VI 的一个应用实例

（a）前面板；（b）程序框图

第二篇　NI ELVIS 平台

第 7 章

DAQ（数据采集）系统及 NI ELVIS 概述

7.1 DAQ 系统

DAQ（Data AcQuisition，数据采集）系统用于捕获、测量和分析现实世界中的物理信号。DAQ 数据采集系统采集和测量传感器传送的电信号，并将其输送给计算机进行处理。NI ELVIS 工作平台使用 DAQ 系统采集光、温度、压力、转矩等不同种类的信号。

典型的 DAQ 系统由传感变送器、信号、信号调理、DAQ 硬件及软件五部分组成。

（1）传感变送器：一种把光、温度、压力或声音等物理信号转换成一种像电压或电流之类可测量电信号的设备。

（2）信号：DAQ 系统中传感变送器的输出。

（3）信号调理：一种可以连到 DAQ 设备上使信号适合于测量或提高精度或降低噪声的硬件设备。通常的信号调理设备包括放大、激励、线性化、隔离和滤波等功能。

（4）DAQ 硬件：用于信号采集、测量和数据分析的硬件。

（5）软件：NI 应用软件帮助用户更容易地进行程序设计，使测量和控制应用的编程变得更简单。

7.1.1 DAQ 硬件

由于 DAQ 设备处理的物理量是电信号，所以必须使用传感变送器将物理信号先转换成电信号。DAQ 系统也可以同时产生电信号，这些信号可用于对机械系统进行智能控制或用于提供激励以便 DAQ 系统可以测量其响应。大多数 DAQ 系统由标准的模拟输入（AI）、模拟输出（AO）、数字 I/O 和计数器/定时器四部分组成。

7.1.2 虚拟仪器

虚拟仪器（Virtual Instrumentation，VI），即完成传统仪器功能的硬件和计算机软件的结合，用于建立用户定义的仪器系统。虚拟仪器为教学、科研等领域提供了理想的学习与开发平台。在教学领域，虚拟仪器可完成测量、自动化控制等实验；在研究领域，虚拟仪器的高度灵活性使得研究者可以对系统作出修改以满足预期需要；虚拟仪器的模块化属性使用户容易增加新的功能以满足测量系统升级、扩展未来需求。

7.2　什么是 NI ELVIS?

NI ELVIS（National Instruments Educational Laboratory Virtual Instruments Suite）是一个将硬件和软件组合成一体的完整的虚拟仪器教学实验套件，包括基于 LabVIEW 的软件仪器、一台多功能 DAQ 设备、一台用户可自行设计的平台工作站和原型实验板。该套件提供了电子实验室中最为常用的仪器设备，减少了实验室中传统仪器的使用，对于特定项目，也可以使用 NI ELVIS 设计一些可被重复使用的定制仪器。

使用 NI ELVIS 实验平台工作站和 DAQ 设备的 LabVIEW 软件为实现虚拟仪器要求的复杂显示和分析能力提供了一个高级编程环境。NI ELVIS 硬件提供了函数发生器以及可调电源。结合 DAQ 设备功能的 NI ELVIS LabVIEW 软前置板（SFP）提供了 12 种 SFP 仪器：任意波形发生器（ARB）、波特图分析仪、数字信号监测仪、数字信号记录仪、数字万用表（DMM）、动态信号发生器、函数发生器（FGEN）、阻抗分析仪、示波器、双线伏安分析仪、三线伏安分析仪、可调电源。

总体而言，NI ELVIS 虚拟仪器教学实验箱组合并扩展了理工科实验室通用的示波器、万用表、可调电源等实验仪器。

7.3　NI ELVIS 的硬件和软件

7.3.1　NI ELVIS II 的硬件构成

NI ELVIS II 实验平台的硬件包括 NI ELVIS 平台工作站以及原型实验板。

NI ELVIS 平台工作站与 DAQ 设备一起建立了一个完整的实验系统。NI ELVIS II 平台工作站如图 7-1 所示，提供了连接相关实验硬件仪器的功能，工作站控制面板提供了函数发生器、可调电源等一系列旋钮开关，以及连接到 NI ELVIS 示波器 SFP 和数字万用表 SFP 的 BNC 接口和香蕉接口。NI ELVIS 软件可以在 SFP 仪器之间传输 NI ELVIS 平台工作站上的信号，例如将函数发生器的输出送到一个 DAQ 设备的指定通道上，然后在 NI ELVIS 示波器 SFP 的一个期望通道上采集数据。平台工作站上带有 DAQ 设备的保护板以免实验错误对设备造成的损害。

NI ELVIS 原型实验板又称为原型设计面板，连接在平台工作站上，为用户提供了一个组建电路的平台。同一个 NI ELVIS 平台工作站上可以交替使用多块符合标准的原型实验板。

7.3.2　NI ELVIS 软件

NI ELVIS 软件是使用 LabVIEW 编制的应用软件，包括 SFP 仪器以及用于对 NI ELVIS 硬件编程的 LabVIEW API。

7.3.2.1　SFP 仪器

NI ELVIS 自带使用 LabVIEW 编制的 SFP 仪器及其源代码，用户不能直接修改可执行文件，但可通过修改代码来修改或增强相关虚拟仪器的功能。SFP 仪器主要有以下 12 种：

（1）仪器启动器（Instrument Launcher）。NI ELVIS 仪器启动器（见图 7-2）提供了对

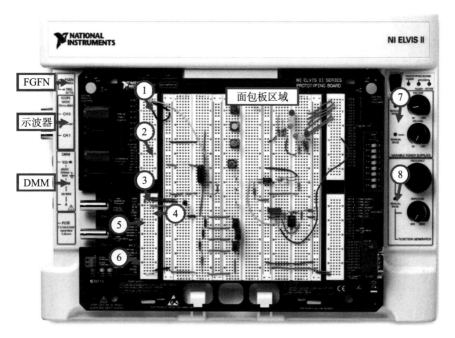

图 7 - 1　NI ELVIS 平台工作站

①模拟输入信号区域（原型实验板面包板左侧上部第 1 ~ 18 行）；②可编程函数输入/输出（I/O）区域（原型实验板面包板左侧上部第 19 ~ 26 行）；③数字万用表/阻抗测量区域（原型实验板面包板左侧下部第 28 ~ 30 行）；④模拟输出区域（原型实验板面包板左侧下部第 31、32 行）；⑤函数发生器区域原型实验板面包板左侧下部第 33 ~ 36 行）；⑥用户自定义输入/输出（I/O）区域（原型实验板面包板左侧下部第 38 ~ 47 行）和电源区域（原型实验板面包板左侧下部第 48 ~ 54 行）；⑦可调电压源调节旋钮；⑧函数发生器调节旋钮

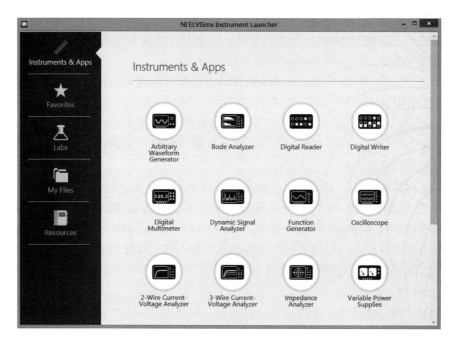

图 7 - 2　NI ELVIS 仪器启动器

NI ELVIS 软件仪器的访问，要启动一个仪器，单击相对应的仪器图标即可。如果 NI ELVIS 软件配置恰当，且平台工作站连接到了适当的仪器，则所用按钮均可以使用。某些仪器使用相同的 NI ELVIS 硬件和 DAQ 设备资源执行类似的功能，因而不能同时运行。

（2）任意波形发生器（Arbitrary Waveform Generator，AWG）。任意波形发生器使用 NI ELVIS 的模拟输出（AO）功能。使用波形编辑软件可以建立多种类型的信号，这些信号包含在 NI ELVIS 软件中，可以加载 NI 波形编辑器所创建的波形到 ARB SFP 中。一个典型的 DAQ 设备有两个 AO 通道，可以同时产生两个波形，可以选择连续或单步输出。

（3）波特图分析仪（Bode Analyzer，BA）。将函数发生器与 DAQ 设备的模拟输入（AI）功能结合起来，可以使用 NIELVIS 构建一台波特图分析仪，该分析仪的频率范围、线性/对数刻度均可选。

（4）数字信号监视仪（Digital Bus Reader，DBR）。数字信号监视仪可以从 NI ELVIS 数字输入（DI）总线上对数字或开关信号进行读取，读取模式分为连续或单次。

（5）数字信号记录仪（Digital Bus Writer，DBW）。数字信号记录仪可由用户指定的数字模式更新数字输出（DO）端，可以手动建立一个模式或选择斜坡（ramp）、触发（trigger）等预定义模式。该仪器可以连续输出一种模式或只执行单个写入操作。

（6）数字万用表（Digital Multi Meter，DMM）。数字万用表可以执行直流电压、交流电压、电流、电阻、电容、电感等信号参数的测量以及二极管测试。用户可以将 NI ELVIS 原型实验板或平台工作站上的操作前置板上的香蕉形连接端子接入 DMM 上。

（7）动态信号分析仪（Digital Signal Analyzer，DSA）。动态信号分析仪多用于高级电气工程、物理类等方面的应用，使用 DAQ 设备的模拟输入端进行测量，可选择连续测量或单次扫描，也可以对信号进行加窗、滤波、频谱分析等操作。

（8）函数发生器（FunctionGenErator，FGE）。函数发生器可让用户选择输出的波形类型（如正弦波、方波或三角波）、幅值、频率，亦提供 DC 偏移量设置、扫频能力设置以及幅值、频率调制设置。

（9）阻抗分析仪（Impedance Analyzer，IA）。阻抗分析仪可以以一个给定的频率测量无源二端元件的电阻和电抗。

（10）示波器（Oscilloscope）。NI ELVIS II 实验平台的示波器可提供典型大学实验室中标准台式示波器的功能。NI ELVIS – Scope SFP 有两个通道，提供刻度和位置调节旋钮，也可以选择触发源和模式设置。

自动刻度功能可以基于交流信号的峰—峰值调节电压显示比例，以便最好地显示信号。根据连接到 NI ELVIS 硬件上的 DAQ 设备的不同，可以选择数字或模拟硬件触发，可以将 BNC 连接端子或平台工作站的前置板连接到 NI ELVIS – Scope SFP 上。函数发生器或数字万用表的信号也可从内部送到示波器上。与普通示波器一样，该示波器能够使用光标进行精确测量，采样率由 DAQ 设备的最大采样速率决定。

（11）两线和三线伏安分析仪（2/3 – Wire Current – Voltage Analyzers）。两线和三线伏安分析仪允许用户对二极管和三极管进行参数测试并观察电流—电压曲线。两线伏安分析仪在参数设定上体现了充分的灵活性，例如电压和电流范围、把数据保存在文件中等。三线伏安分析仪给出了 NPN 晶体管测量的基本电流设置。其他类型的晶体管也可测量，但两线和三线伏安分析仪目前不支持这些测量。

（12）可调电源（Variable Power Supplies，VPS）。可调电源允许用户控制电源输出的正负电压值：正电压输出范围 0 ~ +12V，负电压输出范围 -12 ~ 0V。

7.3.2.2　NI ELVIS LabVIEW API

NI ELVIS 软件也有针对 NI ELVIS 硬件的四种功能：DIO、DMM、函数发生器和可调电源 APIs。在以后的内容中，将要更多地讲到相关内容。

7.4　NI ELVIS 的安装与配置

7.4.1　运行 NI ELVIS 所需要的配置

安装和使用 NI ELVIS II 需要的设备条件：NI ELVIS 平台工作站；NI ELVIS 原型实验板；高速 USB 2.0 数据线；与 NI ELVIS 平台工作站配套的 AC/DC 电源；安装 NI LabVIEW（8.2 及以上版本）、NI ELVISmx 软件（4.1 及以上版本）和 NI DAQmx（8.9 及以上版本）软件的计算机；NI ELVIS 用户手册，安装与配置说明以及 DAQ 设备文档。

7.4.2　NI ELVIS 设备使用注意事项

为防止静电损坏设备内某些零部件，全新 NI ELVIS 平台工作站以及 NI ELVIS 原型实验板出厂时封装在抗静电包装袋内。因此，首次使用时，不要用手接触连接器裸露的引脚。

操作工作站和原型实验板时，应注意：通过接地导电带或手持接地物体接地；在从包装袋中取出工作站或原型实验板之前，将抗静电包装与计算机机箱金属部分接触一下。从包装中取出平台工作站和原型实验板，并检查是否有松动的元件或损坏痕迹。

7.4.3　NI ELVIS 设备的安装

安装完毕所需的软件之后，进入 NI ELVIS 硬件的安装。NI ELVIS 硬件的安装主要分为以下几步：

（1）确认 NI ELVIS 平台工作站后部的总电源开关以及上方的原型实验板开关处于断开状态。

（2）使用 USB 连接线将 NI ELVIS 平台工作站与计算机相连。

（3）连接 NI ELVIS 平台工作站的电源。

（4）按照以下步骤安装原型实验板：

①将原型实验板上的开口定位在原型实验板安装支架上方。

②将原型实验板边缘的连接器轻轻滑入平台工作站上的插座。

③轻轻晃动原型实验板使其易于就位，连接可能较紧，但不要强行将实验板固定到位。将原型实验板滑入安装支架。

（5）先接通 NI ELVIS 平台工作站后部的总电源开关，再接通平台工作站上方的原型实验板开关。安装过程结束后，可以看到原型实验板上的三个 LED 指示灯点亮，同时，NI ELVISmx 程序自动启动。

7.4.4　NI ELVIS 设备的测试

NI ELVISmx 软件包含了一组被称为 NI ELVISmx 软前面板（SFP）的软件仪器，还包括在这些环境中对 NI ELVISmx 进行编程的 LabVIEW Express VI 和 Signal Express 步骤，以及集成到 NI Multisim 中的 NI ELVIS 仪器。

按以下步骤确认 NI ELVIS II⁺ 平台工作站配置正确：

步骤 1：使用一根 BNC 电缆线将 NI ELVIS II⁺ 平台工作站左侧的 FGEN 端子与示波器 CH 0 输入端子相连接起来，如图 7 - 3 所示。

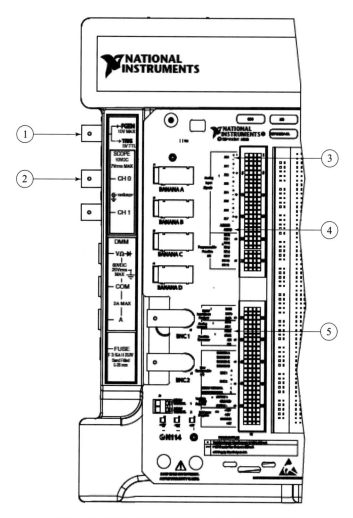

图 7 - 3　NI ELVIS II⁺ 测试所需使用的接线端

①函数发生器 BNC 接线端；②示波器 CH 0 BNC 接线端；③原型实验板 AI + 与
AI - 信号位置；④原型实验板 AIGND 信号位置；⑤原型实验板 FGEN 信号位置

步骤 2：使用导线连接原型实验板面包板上的 FGEN（位于面包板最左侧区域第 33 行）和 AI 0 +（第 1 行）、AIGND（第 18 行）和 AI 0 -（第 2 行）；

步骤 3：依次开启 NI ELVIS II⁺ 平台工作站总电源和原型实验板电源，NI ELVISmx 仪器启动器（NI ELVISmx Instrument Launcher）将会自动启动。

步骤 4：选择函数发生器（Function Generator，FGEN）仪器；

步骤 5：按图 7 - 4 所示设置函数发生器（FGEN）输出：

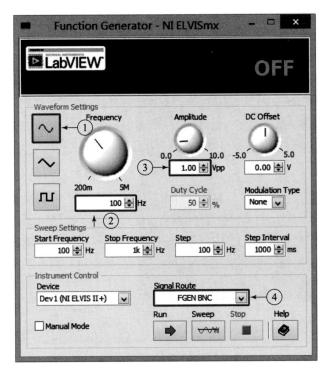

图 7 - 4 函数发生器设置
①函数波形设置按钮；②频率设置；③幅度设置；④信号输出路由选择

函数类型（Function）：正弦波（Sine）；频率（Frequency）：100Hz；幅度（Amplitude）：2.00Vpp；信号输出路由：FGEN BNC；

步骤 6：点击函数发生器窗口中的"Run"按钮 ➡ 启动函数发生器。

步骤 7：在 NI ELVISmx 仪器启动器中打开示波器。

步骤 8：按图 7 - 5 所示设置示波器。

通道 0 源（Channel 0 Souce）：SCOPE CH 0；通道 0 启用；通道 0 幅值比例（Channel 0 Scale Volts/Div）：1V（建议值，可自由调节）；时间比例（Timebase Time/Div）：5ms（建议值，可自由调节）。

步骤 9：点击示波器窗口中的"Run"按钮 ➡ 启动示波器，此时示波器屏幕显示一个 100Hz 正弦波，如图 7 - 5 所示，可以调整"触发（Trigger）"中相关选项以获得稳定波形。

步骤 10：在 NI ELVISmx 函数发生器 SFP 上，将信号路由（Signal Route）由 FGEN BNC 切换到实验板（Protyping Board）上。

步骤 11：在 NI ELVISmx 示波器上，将信号源（Source）由 SCOPE CH 0 切换到 AI 0。

步骤 12：此时示波器屏幕上显示一个 100Hz 正弦波，如图 7 - 6 所示。

步骤 13：在示波器窗口中点击"Stop"按钮 ■ 可使示波器显示的波形冻结。

步骤 14：点击函数发生器窗口中的"Stop"按钮 ■，停止波形输出，依次关闭原型实验板电源以及 NI ELVIS II+ 平台工作站电源。

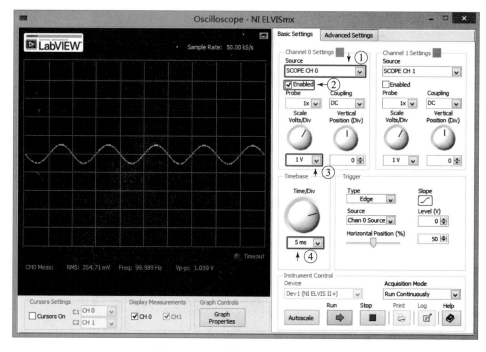

图 7 – 5　示波器设置以及显示波形

①通道 0 源设置；②通道 0 启用复选框；③幅度比例设置；④时间比例设置

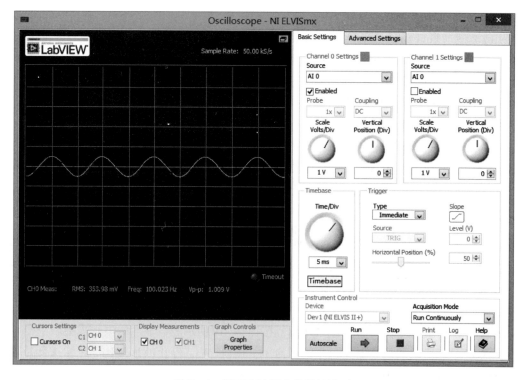

图 7 – 6　原型实验板上获得的波形

第8章

NI ELVIS 教学实验套件硬件概述

8.1 NI ELVIS II⁺平台工作站

NI ELVIS II⁺平台工作站的前面板如图 8 – 1 所示，后部如图 8 – 2 所示。

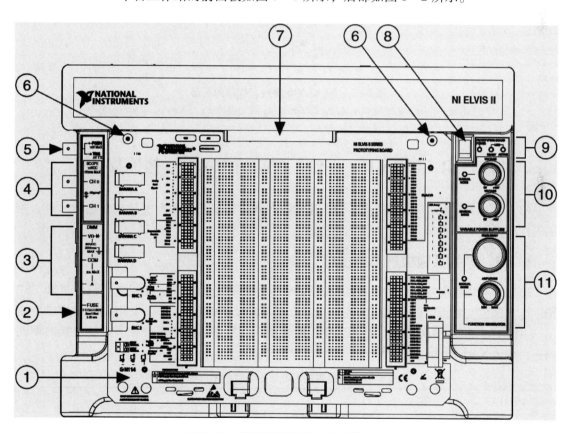

图 8 – 1 NI ELVIS 平台工作站前面板

①NI ELVIS II⁺原型实验板；②数字万用表（DMM）保险丝；③数字万用表接口；④示波器接口；
⑤函数发生器输出/数字激发输入接口；⑥原型实验板安装螺丝孔；⑦原型实验板接口；⑧原型实验板开关；
⑨原型实验板状态指示灯；⑩可调电压源手动控制；⑪函数发生器控制端

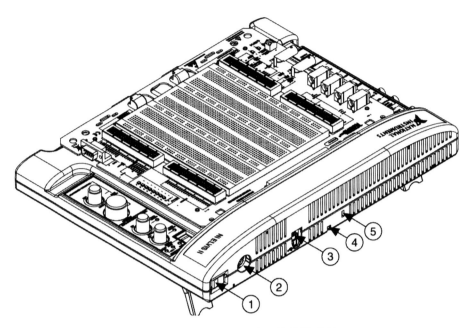

图 8 - 2　NI ELVIS 平台工作站的后部
①电源开关；②交/直流供电接口；③USB 端口；④电缆线槽；⑤Kensington 安全插槽

8.2　NI ELVIS II + 平台工作站的指示灯、控件及接口

NI ELVIS II[+]平台工作站的指示灯、控制器件和接口主要由原型实验板状态指示灯、控制器件和接线端口组成。

8.2.1　原型实验板状态指示灯

原型实验板状态指示灯的位置如图 8 - 1 中⑨所示，分为原型实验板电源指示灯和 USB 指示灯。原型实验板电源指示灯的亮灭指示原型实验板是否被加电源，USB 指示灯有准备指示灯 READY 和活动指示灯 ACTIVE 两个，两个指示灯的不同状态组合代表系统连接的不同状态，如表 8 - 1 所示。

表 8 - 1　原型实验板电源指示灯的不同状态

ACTIVE	READY	状态
灭	灭	主电源关闭
黄	灭	未检测到与上位机之间的连线。确认 NI - DAQmx 驱动软件读取以及 USB 线连接正确。
灭	绿	连接到全速 USB 上位机
灭	黄	连接到高速 USB 上位机
绿	绿/黄	正在与上位机通信

8.2.2　控制器件

NI ELVIS II$^+$ 平台工作站的控制器件主要有可调电源控件以及函数发生器控件。

可变电源控件有正电压调节旋钮和负电压调节旋钮，可分别调节输出的正、负电压，输出电压分别为 0 ~ +12V 和 0 ~ -12V。

函数发生器控件包括频率旋钮和幅值旋钮，可对输出波形的频率和幅值进行调节。

8.2.3　接线端口

NI ELVIS II$^+$ 平台工作站的接线端口主要有数字万用表（DMM）接线端、示波器（Scillos）接线端以及函数发生器（FGEN）/激发器接线端。

数字万用表接线端有三个接线端口，分别为电压/电阻/二极管测量正接线端、公共负接线端、电流测量正接线端，此外也有保险丝。最大可测量 60V 直流电以及均方根电压 20V 的交流电。

示波器接线端为两个，分别对应示波器的 CH 0 通道和 CH 1 通道，最高可测量 10V 直流电压以及 7V 均方根电压。

函数发生器/激发器接线端作为函数发生器或数字激发器的输出端。

8.3　NI ELVIS II$^+$ 原型实验板

NI ELVIS II$^+$ 原型实验板与平台工作站相连，提供了一个建造电子电路的区域，并具有必要的连接访问常见的应用信号，根据需求不同，有多种原型实验板可供替换。

NI ELVIS II$^+$ 原型实验板通过面包板区域两侧的分配条连接 NI ELVIS II 的所有信号端子，每个信号分别分配到一排，这些信号排在实验板上按功能分组。

8.3.1　原型实验板电源

NI ELVIS II$^+$ 原型实验板电源提供了 ±15V 和 +5V 电源接线，可使用这些电压导轨建造很多常见电路。若测试板加电时，电源指示灯未点亮，则应检查所连电路是否有短路情况。关闭实验板电源再打开，以重置限流器。

8.3.2　信号描述

NI ELVIS II$^+$ 原型实验板实物如图 8-3 所示。表 8-2 根据在实验板上的分组，列出了所有信号分组的位置。

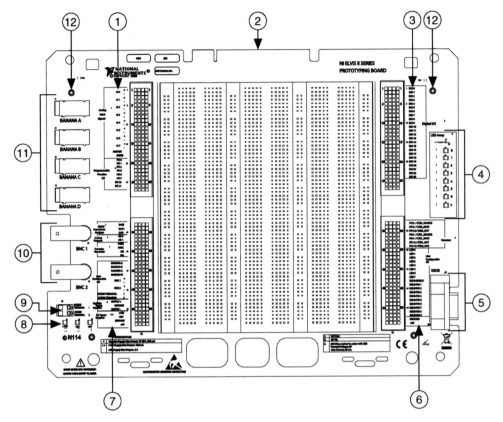

图 8 – 3　NI ELVIS II⁺ 原型实验板

①AI 与 PFI 信号排；②工作站交互接口；③数字输入/输出（DIO）信号排；④用户自定义 LED；⑤用户自定义
DSUB 串行接口；⑥计数器/计时器，用户自定义 I/O 以及直流供电信号排；⑦数字万用表（DMM）、
函数发生器、用户自定义 I/O、可变电源以及直流供电信号排；⑧直流供电指示灯；
⑨用户自定义螺丝接线端；⑩用户自定义 BNC 接线端；⑪用户自定义香蕉头接线端；⑫锁止螺丝孔

表 8 – 2　信号描述

信号名称	信号种类	描述
AI0 ~ AI7，±	模拟输入	模拟输入端口 0 ~ 7 ±——差分模拟输入（AI）频道的正负输入频道线
AI SENSE	模拟输入	模拟输入检测——非参考单端口（NRSE）模式下模拟通道的参考电压
AI GND	模拟输入	模拟输入地线——模拟输入信号接地参考电压
PFI 0 ~ 2，5 ~ 7，10 ~ 11	可编程函数界面（PFI）	PFI 接线（可用于静态 DIO 或路由定时信号）
BASE	三线电压/电流分析仪	BJT 型三极管的基极激励

续表

信号名称	信号种类	描述
DUT +	数字万用表，阻抗，双线和三线分析仪	数字万用表用于电容和电感测量，阻抗分析仪，双线和三线分析仪的激励端子
DUT −	数字万用表，阻抗，双线和三线分析仪	数字万用表用于电容和电感测量，阻抗分析仪，双线和三线分析仪的虚拟地线和电流测量
AO0、AO1	模拟输出	用于随机波形生成器的模拟输出频道 0 和 1
FGEN	函数生成器	函数生成器输出
SYNC	函数生成器	与 FGEN 同步的 TTL 输出
AM	函数生成器	调幅输入——用于调制 FGEN 信号的幅值的模拟输入信号
BASE	三线电压/电流分析仪	BJT 型三极管的基极激励
FM	函数生成器	调频输入——用于调制 FGEN 信号的幅值的模拟输入信号
BNC 1、2 ±	用户配置 I/O	BNC 端子 1、2——正极接端子中心，负极接端子外壳
BANANA A ~ D	用户配置 I/O	连接香蕉头接口 A ~ D
SCREW TERMINAL 1、2	用户配置 I/O	螺丝接线端连线
SUPPLY +	可调电压源	0V ~ +12V 可调正电源输出
GROUND	可调电压源	地线
SUPPLY −	可调电压源	− 12V ~ 0V 可调负电源输出
+ 15V	直流电压源	+15V 固定正电源输出
− 15V	直流电压源	− 15V 固定负电源输出
GROUND	直流电压源	地线
+ 5V	直流电压源	+5V 固定正电源输出
DIO 0 ~ 23	数字输入/输出	数字电源 0 ~ 23：用于读写数据的通用数字输入/输出接口
PFI8/ CTR0_ SOURCE	可编程 函数界面	静态数字输入/输出，线 P2.0 PFI8，默认函数：计数器 0 源
PFI9/ CTR0_ GATE	可编程 函数界面	静态数字输入/输出，线 P2.1 PFI9，默认函数：计数器 0 门
PFI12/ CTR0_ OUT	可编程 函数界面	静态数字输入/输出，线 P2.4 PFI12，默认函数：计数器 0 输出
PFI3/ CTR1_ SOURCE	可编程 函数界面	静态数字输入/输出，线 P1.3 PFI3，默认函数：计数器 1 源

信号名称	信号种类	描述
PFI4/ CTR1_ GATE	可编程 函数界面	静态数字输入/输出，线 P1.4 PFI4，默认函数：计数器 1 门
PFI13/ CTR1_ OUT	可编程 函数界面	静态数字输入/输出，线 P2.5 PFI13，默认函数：计数器 0 输出
PFI14/ FREQ_ OUT	可编程 函数界面	静态数字输入/输出，线 P2.0 PFI14，默认函数：频率输出
LED 0 ~ 7	用户自定义 I/O	额定电压 5V，电流 10mA 的 LED 灯 h
DSUB SHIELD	用户自定义 I/O	连接 D – SUB 盾
DSUB PIN 1 ~ 9	用户自定义 I/O	连接 D – SUB 指针 1 ~ 9
+5V	面包板电源	+5V 固定电压输出
GROUND	面包板电源	地线

8.4 连接信号

8.4.1 模拟输出

NI ELVISII+实验板提供了 8 个可用的差分模拟输入频道——ACH 0 ~ 7，除了差分模式以外，用户也可选择将其配置为参考单端（Referenced Single – Ended，RS – E）或非参考单端（Non – Referenced Single – Ended，N – RS – E）模式。在参考单端模式下，所有信号参考 AIGND 电压；在非参考单端模式下，所有信号参考浮动 AISENSE 线。表 8 – 3 中给出了各个模式的频道分配图。

表 8 – 3 模拟输入信号分配

NI ELVIS II 实验板终端	差分模式（默认）	RSE/NRSE 模式
AI 0 +	AI 0 +	AI 0
AI 0 –	AI 0 –	AI 8
AI 1 +	AI 1 +	AI 1
AI 1 –	AI 1 –	AI 9
AI 2 +	AI 2 +	AI 2
AI 2 –	AI 2 –	AI 10
AI 3 +	AI 3 +	AI 3
AI 3 –	AI 3 –	AI 11
AI 4 +	AI 4 +	AI 4

NI ELVIS II 实验板终端	差分模式（默认）	RSE/NRSE 模式
AI 4 −	AI 4 −	AI 12
AI 5 +	AI 5 +	AI 5
AI 5 −	AI 5 −	AI 13
AI 6 +	AI 6 +	AI 6
AI 6 −	AI 6 −	AI 14
AI 7 +	AI 7 +	AI 7
AI 7 −	AI 7 −	AI 15
AI SENSE	−	AISENSE
AI GND	AI GND	AIGND

模拟输入频道为差分的，因此在信号路径中必须要在某处建立一个接地点。当被测信号的参考电压在其中一个 AI GND 接地点时，可以获得正确参考下的接地电压；当测量电池等浮动电压源时，将信号的其中一端接地。

8.4.2　数字万用表（DMM）

8.4.2.1　电压、电流、电阻、二极管以及通断测试

NI ELVIS II+ 平台工作站上的初级数字万用表设备是独立的，其接线端是位于实验平台侧脸的三个香蕉接头。在测量直流电压、交流电压、电阻、二极管和通断测试时，使用 VΩ ➔ 和 COM 端子进行测量；测量直流电流、交流电流时，使用 A 和 COM 端子进行测量；为了方便电路连接，可以使用双端香蕉头连接线连接用户定义香蕉头端子与数字万用表端子，再将用户定义香蕉头端子在面包板上对应连线与被测对象进行连接。

8.4.2.2　电容和电感测量

数字万用表的电容和电感测量使用位于原型实验板上的独立分析仪端子 DUT − 和 DUT + 进行。

数字万用表的使用测量端如图 8 − 4 所示。

8.4.3　示波器

NI ELVIS II+ 中的示波器使用专用的模数转换器，单通道或双通道均可以 8 位分辨率，最高 100Ms/S 的采样率对信号进行采样。

8.4.4　模拟输出

NI ELVIS II 系列提供 AO 0 和 AO 1 两个模拟输出通道，可以用于生成随机信号。AO 0 也在内部用于三线电压/电流分析仪中的 BASE 激励。

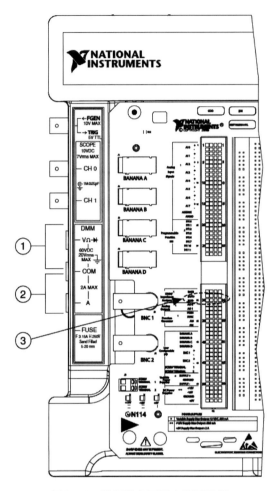

图 8 - 4　使用数字万用表的测量端

①测量电压/电阻/二极管/通断使用；②测量电流使用；③测量电容/电感使用

8.4.5　函数发生器

函数发生器输出可以被连接到 BNC 接口 FGEN/TRIG 或实验板上的 FGEN 终端。在 SYNC 端子上提供一个 +5V 的数字信号。AM 和 FM 端子提供对函数发生器信号进行幅度/频率调制的模拟输入信号。

8.4.6　电源

直流电源提供 +15V、-15V、+5V 的固定电位输出；可变电源的 SUPPLY + 端提供 0V ~ +12V 的可调正电位输出，SUPPLY - 端提供 -12V ~ 0V 的可调负电位输出；NI ELVIS II 系列提供的所有电源参考电位为 GROUND。

8.4.7　数字输入/输出

实验板上的数字信号线连接到系统内部的端口 0 上，用户可将其配置为输入或输出。

8.4.8　可编程函数界面（PFI）

PFI 线是可将定时信号往返于模拟输入、模拟输出以及计时器/计数器引擎的 TTL 兼容 I/O。也可配置为静态数字 I/O。

8.4.9　用户自定义 I/O

实验板提供了多个用户自定义连接器：四个香蕉接口、两个 BNC 接口以及一个 D - SUB 接口。每个接口的两个端口分别连接到配电板上的两条线。

实验板上提供了 8 个绿/黄双色 LED 灯用于常规数字输出，每个 LED 的绿色正极通过 220Ω 的电阻连接到配电板，阴极接地。连接到 + 5V 时 LED 灯变为绿色，连接到 - 5V 时 LED 灯变为黄色。

8.4.10　波特分析仪

波特仪使用函数发生器输出激励，然后使用两个模拟输入通道分别测量响应和激励。

8.4.11　双线伏安分析仪

使用双线伏安分析仪时，将信号连接到 DUT + 和 DUT - 端。

8.4.12　三线伏安分析仪

三线伏安分析仪使用 DUT + 、DUT - 和 BASE 端分析 NPN 或 PNP 三极管的伏安特性。使用时，将基极 B 接 BASE，发射极 E 接 DUT - ，集电极 C 接 DUT + 。

8.4.13　计时器/计数器

实验板可访问设备上的两个计时器/计数器，同样可从软件对其进行访问。输入端用于对 TTL 信号进行计数、边沿检测以及脉冲生成应用。CTR0_ SOURCE、CTR0_ GATE、CTR0_ OUT、CTR1_ GATE 和 CTR1_ OUT 信号连接到默认的计数器 0 和计数器 1 的 PFI 连接线。

第9章

NI ELVIS 平台的编程

9.1 NI ELVIS 编程概述

NI ELVIS II⁺实验平台由内置数据采集（DAQ）板卡的 NI ELVIS II⁺硬件和控制硬件的 LabVIEW 软件组成，各种测量均可以使用 NI ELVIS NI – DAQmx 驱动程序或 NI ELVIS 仪器驱动程序完成。

DAQ 设备的四个标准测量功能分别为模拟输入（AI）、模拟输出（AO）、定时和控制输入/输出（TIO）以及数字输入/输出（DIO），均可与 NI ELVIS II⁺测量系统直接使用。

NI ELVIS 平台包含可调电源（VPS）、一个函数发生器（FGEN）、一个数字万用表（DMM）和 NI ELVIS 仪器驱动程序的 DIO 电路，在"仪器"选板上"仪器 I/O"中"Instrument Drives"可以选择使用这些仪器。

9.2 使用 NI – DAQmx 对 NI ELVIS 进行编程

本节介绍如何使用 NI – DAQmx 对 NI ELVIS 进行编程。

9.2.1 NI – DAQmx

NI – DAQmx 是 LabVIEW 7.0 以来增加的 DAQ 软件，包括支持 200 多种 NI 所出具的采集设备的驱动，并提供相应的 VI 函数。NI – DAQmx 还包含 Measurement & Automation Explorer（NI MAX）、数据采集处理（DAQ Assistant）以及 VI Logger 数据记录软件。通过这些工具并结合 LabVIEW 可以节省大量的系统设置、开发以及数据记录时间。

NI – DAQmx 通道分为物理通道和虚拟通道。物理通道用于连接被测信号的实际端子（对差分输入方式而言，每个物理通道对应两个端子，数字端口对应 8 条线），虚拟通道是一组属性设置的集合，包含虚拟通道名、对应的物理通道、输入接线方式（差分、RSE、NRSE 等）、输入范围、缩放比例等。其中，虚拟通道分为两种：局部（Local）虚拟通道和全局（Global）虚拟通道。局部虚拟通道仅存在于某个 DAQmx 定义的任务中（其生存期长短由任务决定）；而全局虚拟通道可长期保存在 MAX 中，且可被多个任务所使用。

NI – DAQmx 任务是一个或多个虚拟通道的集合，除了包含每个虚拟通道的属性以外，还包含这些虚拟通道共用的采样和触发等属性。它代表了所要实施的一次信号测量或信号发生的操作。NI – DAQmx 任务分为两种：一种是独立于程序而存在，可以被各个程序所使用，且可长期保存的任务（用 NI – MAX 创建，并保存在 NI – MAX 中）；另一种是仅存在于某个程序中，且只能供该程序使用的所谓临时任务（用 DAQ 助手 Express VI 或 DAQmx 函数在框图面板上创建）。

NI – DAQmx 定义的任务、虚拟通道与物理通道之间的关系如图 9 – 1 所示。

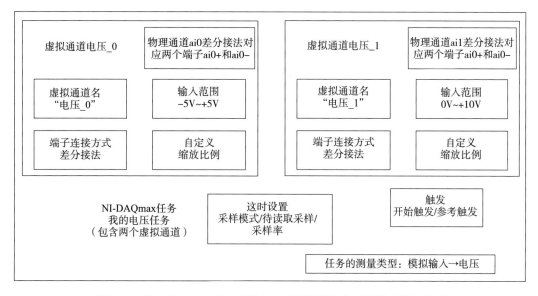

图 9 – 1　NI – DAQmx 定义的任务、虚拟通道与物理通道之间的关系

9.2.2　NI – MAX

MAX 是 Measurement & Automation Explorer（测量与自动化资源管理器）的缩写。通过 NI – MAX 可以对硬件设备进行配置和管理。它针对硬件设备的主要功能包括：

（1）浏览系统中接有的数据采集卡，并快速检测、配置数据采集卡以及相应软件。

（2）通过测试面板，验证和诊断数据采集卡工作状态。

（3）创建新的采集通道、任务、接口和比例参数等。

具体地，NI – MAX 会给每块数据采集卡分配一个逻辑设备编号以供 LabVIEW 调用时使用。在 NI – MAX 主界面左栏"我的系统"下有三个子目录，其中，"数据邻居"存储了有关配置和修改任务、虚拟通道的信息；通过"设备和接口"可以配置本地或远程的数据采集卡、串口及并口等硬件设备，最后的"换算"则用于标定运算。

NI – MAX 的主界面如图 9 – 2 所示。

9.2.3　用驱动程序 NI – DAQmx 配置测量通道和任务

9.2.3.1　使用 NI – MAX 建立长期的数据采集任务

使用 NI – MAX 建立起来的数据采集任务是长期的，可以在 VI 程序中作为输入任务，以下介绍使用 NI – MAX 建立数据采集任务的详细过程。

第一步：建立"数据邻居"。首先，右键单击 NI – MAX 界面的"我的系统"→"数据

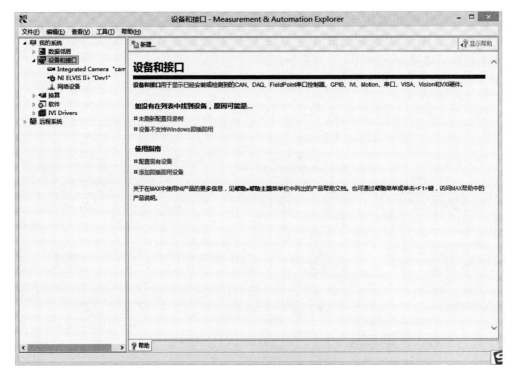

图 9 - 2　NI - MAX 的主界面

邻居"选项，在弹出的快捷菜单中选择"新建"，将会打开一个"数据邻居"对话框，如图 9 - 3 所示。

第二步：在新建的"数据邻居"对话框中，选择建立"NI - DAQmx 任务"，单击"下一步"，如图 9 - 4 所示。

第三步：选择 NI - DAQmx 任务类型：选择"采集信号"→"模拟输入"→"电压"作为例子，选定后，单击"下一步"，如图 9 - 5 所示。

图 9 - 3　建立数据采集任务第一步

第四步：选择建立虚拟通道所需的物理通道：从"支持物理通道"的列表中，选择本任务所需要使用的物理通道。Dev1 表示本虚拟仪器环境中的第一块 DAQ 卡；ai1 表示编号（索引）为 1（从 0 起始）的模拟输入物理通道。可按住 Ctrl 键或 Shift 键选择多个物理通道，所选择物理通道数应等于新建任务所包含的虚拟通道数，这里使用 Ctrl 键选择 ai0 和 ai2 两个虚拟通道，选好后，单击"下一步"如见图 9 - 6 所示。

第五步：为任务命名（指定名字），单击"完成"键，如图 9 - 7 所示。

第六步：完成上述操作后，在"数据邻居"下的"NI - DAQmx 任务"列表中，已经出现新建任务；同时，该任务已被选中，故在 MAX 主界面右侧的窗口中出现了该任务的参数设置区，用户应根据自己的实际需要修改由 MAX 提供的默认任务参数设置。

在图 9 - 8 所示的虚拟通道列表中包含名为"电压_ 0"和"电压_ 1"（命名已经被自动指定）的两个虚拟通道，在某虚拟通道上打开快捷菜单，可为该虚拟通道改名或更改其对应的物理通道。这里，"电压_ 0"对应 ai_ 0，"电压_ 1"对应 ai2。

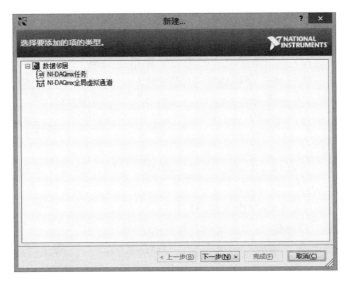

图 9-4　建立数据采集任务第二步

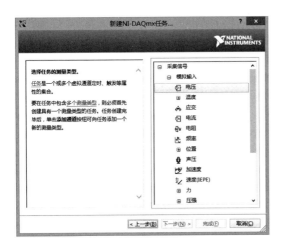

图 9-5　建立数据采集任务第三步

图 9-6　建立数据采集任务第四步

图 9-7　建立数据采集任务第五步

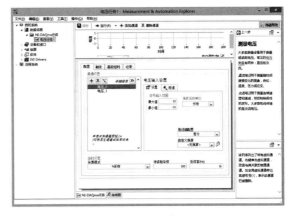

图 9-8　建立数据采集任务第六步

信号的采样方式分为以下四种：

①1 采样（按要求）：采集单点数据（立即执行）。

②1 采样（硬件定时）：在硬件时钟的边沿采集单点数据。

③N 采样：采集一段数据，采样点数和采样率在"定时设置"下的"待读取采样"和"采样率（Hz）"文本框中指定（例如本例中 100 个点，1 000Hz）。

④连续采样：进行连续采集，此时，"定时设置"下只有"采样率（Hz）"（采样率）参数有效。

若对默认的任务参数进行了修改，则需要对修改后的任务进行保存。至此，一个 NI – DAQmx 任务建立完毕。

第七步：在 NI LabVIEW 程序中使用 NI – MAX 建立的任务，需要借助"控件"选板上"新式"类中"I/O"子分类下"DAQmx 名称控件中的""DAQmx 任务名"控件或"函数"选板上的"DAQmx 任务名"常量，如图 9 – 9 所示。

图 9 – 9　使用已定义任务

单击"DAQmx 任务名"控件或常量右端的向下三角箭头，打开任务列表即可使用前面创建的任务。

9.2.3.2　建立 DAQ 临时任务

建立 DAQmx 临时任务有两种方法：

方法一：使用 DAQ 助手建立临时 DAQmx 任务。

在"函数"选板上"测量 I/O"分类上的"DAQmx – 数据采集"子分类下，打开"DAQ 助手"Express VI 并将其放置于程序框图中，一段时间内将出现"新建…"窗口，在该窗口右侧栏可以进行相应设置及修改，如图 9 – 10 所示。使用 DAQ 助手建立的临时任务，没有名称，不会保存在 NI MAX 中被其他程序使用。

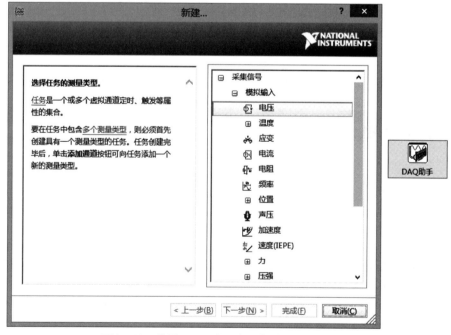

图 9 – 10　使用 DAQ 助手建立临时 DAQmx 任务

临时任务建立后，DAQ 助手 Express VI 出现了名为"数据"的输出端子（对于模拟输入操作），它可以直接向框图上的程序的其他部分输出数据。

方法二：编程建立临时任务。

使用"DAQmx 创建虚拟通道"亦即"DAQmx 创建通道（ai→电压→基本）"，通过编程的方法也可以建立临时任务，具体使用方法，后面将会讲到。

9.2.4　DAQmx VI——数据采集函数简介

9.2.4.1　DAQmx VI 的组织方式——多态 VI

DAQmx VI 的路径为"函数"选板→"测量 I/O"→"DAQmx - 数据采集"。

多态性是指输入、输出端子可以接受不同类型的数据。多态 VI 是具有相同连接器形式的多个 VI 的组合，包含在其中的每个 VI 都成为多态 VI 的一个实例。VI 的这种组织方式，将多个功能相似的功能模块放在一起，方便用户学习和使用。

通过多态 VI 选择器，可以选择具体使用多态 VI 的某个实例。打开多态 VI 选择器显示的方法：右键单击某个 DAQmx VI 图标，在弹出的快捷菜单中，选择"显示项"→"多态 VI 选择器"，有多态 VI 功能的函数，其默认状态下多态 VI 选择器是打开的，如图 9 - 11 所示。

图 9 - 11　多态 VI 选择器

9.2.4.2　常用 DAQmx VI 介绍

（1）DAQmx 创建虚拟通道函数。

DAQmx 创建虚拟通道函数用于建立虚拟通道和任务，如图 9 - 12 所示。

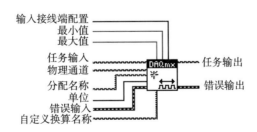

图 9 - 12　DAQmx 创建虚拟通道函数

其中一些输入端子的含义为：

①物理通道：定义指定物理通道。

②分配名称：定义虚拟通道名称，如不指定，该参数将以物理通道名称作为本虚拟通道名。

③最大值、最小值：用于定义所期望的信号输入范围。

④输入接线端配置：用于定义输入端子接法。

（2）DAQmx 定时函数。

DAQmx 定时函数用于设置时间信息，可以设置采样时钟源、时钟频率、采集/生成的样本数目等，如图 9 – 13 所示。

其中一些输入端子的含义为：

①采样率：定义每个通道采集或发生数据的点数。

②采样模式：定义采样模式。

③每通道采样参数：用于指定在"采样模式"参数选为"有限采样"时每个通道采集或生成的样本数。

（3）DAQmx 读取函数。

①DAQmx 读取（1 通道 1 采样）。DAQmx 读取函数（1 通道 1 采样）用于从指定的任务或虚拟通道读取样本，输出端"数据"返回读到的数据，具体情况决定于读取数据的类型和格式，其形状如图 9 – 14 所示。

图 9 – 13　DAQmx 定时函数

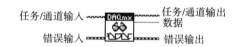

图 9 – 14　DAQmx 读取函数（1 通道 1 采样）

多态 VI 选择器上给出了实例名称，如图 9 – 15 所示，DBL 表示返回双精度数据，1D 表示返回一维数组，没有该标志表示返回标量数据。

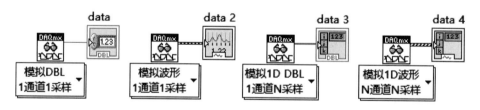

图 9 – 15　多态 VI 选择器实例

②DAQmx 读取（1 通道 N 采样）。对于采集多个样本的 DAQmx 读取函数（见图 9 – 16），其输入端"每通道采样数"参数指定实际读取样本数目。

图 9 – 16　DAQmx 读取函数（1 通道 N 采样）

NI DAQmx 任务的"采集模式"参数设置为"N 采样"时，如果"每通道采样数"参数大于 NI – DAQmx 任务的"待读取采样"参数，或"每通道采样数"参数使用默认值，则

第 9 章　NI ELVIS 平台的编程

读取 NI - DAQmx 任务的"待读取采样"所确定的数据点数，否则读取"待读取采样"所确定的样本数；

NI - DAQmx 任务的"采集模式"参数设置为"连续采样"时，其"待读取采样"参数不起作用。如果上述 VI 的"每通道采样数"不接入数据或接入"-1"，则读取循环缓冲区内当前的所有有效数据，否则，读取"每通道采样数"所确定的样本数。

（4）DAQmx 写入函数。

DAQmx 写入函数可以向任务写入样本数据，其"自动开始"参数可以指定，在"DAQmx 开始任务"函数没有显式开始任务的任务下是否以隐式方式开始任务，其图标如图 9 - 17 所示。

（5）DAQmx 开始任务函数。

DAQmx 开始任务函数用于开始执行任务（显示任务状态转换），如图 9 - 18 所示。如果"DAQmx 读取"函数或"DAQmx 写入"函数要多次执行，例如处于循环之中，则应使用该函数，否则任务将会被不断被启动、停止，执行性能会因此降低。

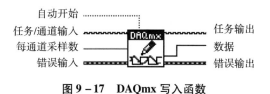

图 9 - 17　DAQmx 写入函数　　　　图 9 - 18　DAQmx 开始任务函数

（6）DAQmx 停止任务函数。

DAQmx 停止任务函数用于结束 NI DAQmx 任务，使其返回 VI 尚未运行或 NI DAQmx 写入 VI 运行时输入值为 True 的状态。如图 9 - 19 所示。

（7）DAQmx 清除任务函数。

DAQmx 清除任务函数可以实现停止任务，并清除资源，任务清除后，若不重新建立任务，将不能够再使用，如图 9 - 20 所示。

图 9 - 19　DAQmx 停止任务函数　　　图 9 - 20　DAQmx 清除任务函数

（8）DAQmx 结束前等待函数。

DAQmx 结束前等待函数能确保在结束任务（"DAQmx 停止任务"）或清除任务（"DAQmx 清除任务"）之前，完成所要求的采集或发生任务，如图 9 - 21 所示。

图 9 - 21　DAQmx 结束前等待函数

9.2.5　DAQmx（数据采集）的属性节点

DAQmx 属性节点用于指定数据采集操作的各种属性，这些属性中，某些可利用 DAQmx VI（8 种数据采集相关的功能函数）进行设置，其他的只能直接修改，无法使用函数设置。属

133

性节点的路径为："函数"选板→"测量 I/O→"→"DAQmx 数据采集"，如图 9-22 所示。

图 9-22　DAQmx 数据采集属性节点

9.2.6　DAQmx（数据采集）的任务状态（逻辑）

DAQmx 任务状态分显式和隐式两种，如图 9-23 所示。

显式状态转换指通过调用函数的方法明确实施任务状态的转换，例如在"读取"采样数据前，明确地执行"开始"任务，且在"清除任务"前，明确地执行"结束"任务。

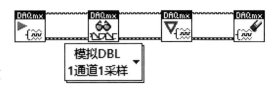

图 9-23　DAQmx 数据采集属性节点

隐式状态转换指未处于其所需的状态下引发的状态的自动转换，例如在"读取"函数执行前自动执行"开始"任务，在"清除任务"执行前自动执行"结束"任务。

9.3　使用 API 对 NI ELVIS 进行编程

仪器驱动程序是一组控制可编程仪器的软件例程安排，每一步例程对应一项计划操作，如配置、读出、写入以及对仪器的触发。仪器驱动程序减少了对仪器编程协议的学习，简化了仪器控制。

NI ELVIS 仪器驱动程序是 LabVIEW VI 的集合，提供了一个 API 用于控制 NI ELVIS 硬件。API 允许用户按逻辑方式把 VI 连接起来，以控制 NI ELVIS 平台工作站硬件的功能。

使用 NI ELVIS 仪器驱动程序时的通用程序设计流程是初始化→操作→关闭，初始化 VI 建立与 NI ELVIS 平台工作站的通信并将元件配置为所定义的状态，为特定元件生成一个参考号，接下来随后的虚拟仪器用这个参考号进行想要执行的操作。

仪器驱动处理程序处理在 NI ELVIS 元件间发生的资源共享冲突问题。例如，数字万用表（DMM）使用函数发生器进行测量。如果没有资源管理，当一项使用函数发生器的应用正在运行，另一个数字万用表（DMM）应用正在运行时，那么两个应用中的一个或两个都可能会返回不正确的结果。为预防这个问题，如果驱动程序检测到资源正在使用时，将会返回一个错误。

资源管理器仅在一个 LabVIEW 程序中有效，因而，如果编制的一项使用 NI ELVIS 驱动程序的可执行应用，与另一项使用该驱动程序的应用同时运行，则资源管理器在两个程序间无效且会产生不正确的结果。要确保使用带仪器驱动程序的 NI ELVIS 程序的结果正确，首先必须关闭 SFP 仪器。

运行 LabVIEW 后，选择 Find Examples Hardware Input and Output DAQ，然后选择例子的类型，用户就可以找到其他关于 AI、AO 和计数器/定时器方面的例子。

9.3.1　可调电源（VPS）

NI ELVIS 平台有两个可调电源（Variable Power Supply，VPS），用户可以使用相关的

Express VI 来控制。其配置窗口和图标如图 9 - 24 所示。

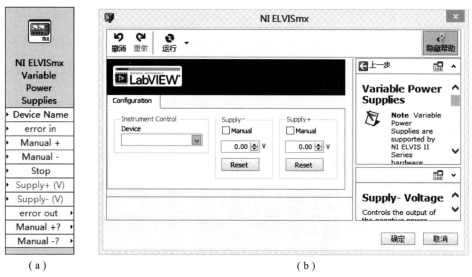

（a）　　　　　　　　　　　　　　　　　（b）

图 9 - 24　可调电源（VPS）的 Express VI 图标以及配置窗口

（a）图标；（b）配置窗口

9.3.2　函数发生器（FGEN）

用户可以使用 NI ELVIS 仪器驱动程序控制 NI ELVIS 平台上的函数发生器（FGEN）。驱动程序允许用户更新频率、峰值振幅、设置 DC 偏移量以及函数发生器输出的波形类型，其图标以及配置窗口如图 9 - 25 所示。

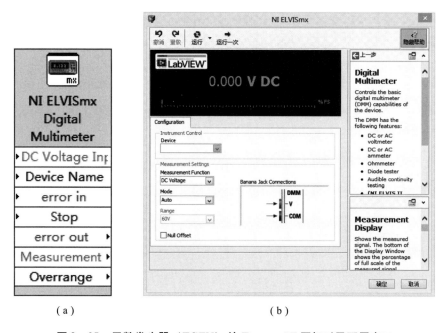

（a）　　　　　　　　　　　　　　　　　（b）

图 9 - 25　函数发生器（FGEN）的 Express VI 图标以及配置窗口

（a）图标；（b）配置窗口

9.3.3　数字万用表（DMM）

NI ELVIS 平台工作站含有与 DAQ 硬件相结合的电路，允许 DMM 测量电压、电流、电阻等，可以使用 NI ELVIS 仪器驱动程序控制 DMM 硬件，驱动程序可以配置测量类型并读出测量结果，其 Express VI 图标和配置面板如图 9 - 26 所示。

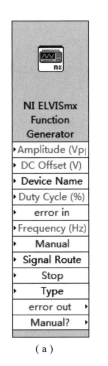
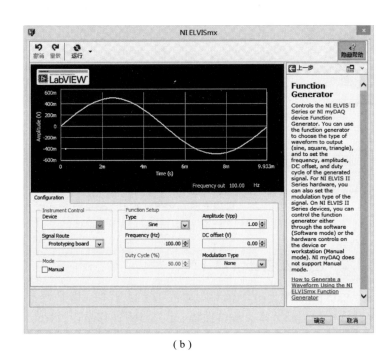

（a）　　　　　　　　　　　　　　　　（b）

图 9 - 26　数字万用表（DMM）的 Express VI 图标以及配置窗口
（a）图标；（b）配置窗口

9.3.4　数字输入/输出（DIO）

线以提供数字输入和数字输出的电路。可以用 NI ELVIS 仪器驱动来控制 DIO 硬件，驱动允许操作并读出和写入 8 位数字数据。

数字输入的 Express VI 图标和配置面板如图 9 - 27 所示，数字输出的 Express VI 图标和配置面板如图 9 - 28 所示。

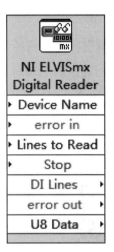

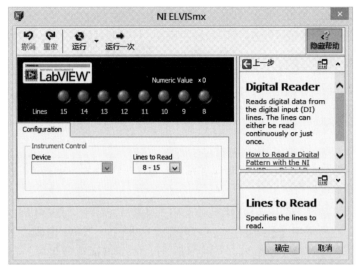

（a）   （b）

图 9 − 27　数字输入的 Express VI 图标以及配置窗口

（a）图标；（b）配置窗口

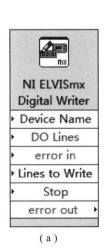

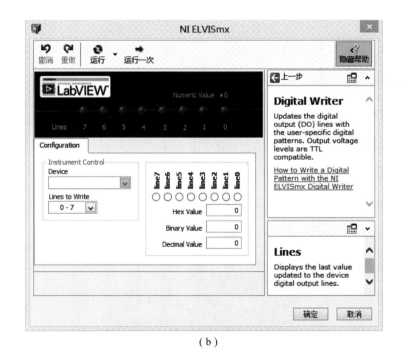

（a）   （b）

图 9 − 28　数字输出的 Express VI 图标以及配置窗口

（a）图标；（b）配置窗口

第 10 章

NI ELVIS 基础实验

本章我们将使用简单的模拟电路，进行 NI ELVIS II$^+$ 实验平台的初体验。

所需软硬件：

（1）所需软件：LabVIEW（要求 8.2 以上版本），NI ELVISmx 软件（要求）。

（2）所需电子元器件：5.6k 电阻至少两个，200Ω 电阻、2K 电阻至少一个，其他阻值电阻、不同电容大小电容、二极管若干；UA741 运算放大器；LM335 温度传感器。

注意：在 NI ELVIS 原型实验板上搭建、改造、拆卸电路时，一定要关闭原型实验板电源，并且最好关闭 NI ELVIS 总电源。

10.1 实验一 软前置板（SFP）的使用

通过一个简单的分压电路熟悉数字万用表的使用。

10.1.1 背景知识

如图 10 - 1 所示，分压器电路使得用户能够将输入电压分为两部分。

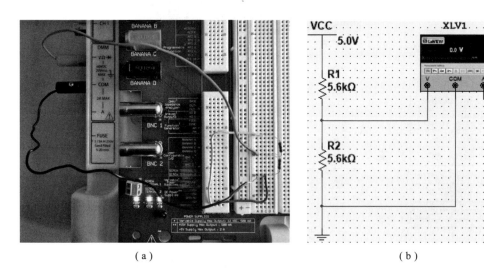

（a）　　　　　　　　　　　　　　　（b）

图 10 - 1 分压器电路

（a）实物图；（b）电路图

根据基尔霍夫第二定律，*R*2 两端的输出电压 V2 可以表示为：

$$V_{CC} = V_1 + V_2 \qquad\qquad (10-1)$$

$$V_2 = V_{CC} - V_1 \qquad\qquad (10-2)$$

式（10-2）说明输出电压是输入电压的函数。

使用欧姆定律可以获得输出电压的表达式：

$$I_1 = \frac{V_{CC}}{R_1 + R_2} \qquad\qquad (10-3)$$

$$I_2 = \frac{V_2}{R_2} \qquad\qquad (10-4)$$

由于 $I_1 = I_2$，有：

$$\frac{V_2}{R_2} = \frac{V_{CC}}{R_1 + R_2} \qquad\qquad (10-5)$$

$$V_2 = \frac{R_2}{R_1 + R_2} V_{CC} \qquad\qquad (10-6)$$

10.1.2　实验步骤

步骤 1：使用提供的 USB 连接线将 NI ELVIS II $^+$ 实验板连接到计算机上。启动计算机以及 NI ELVIS 实验箱（开关在实验箱背面）。橙色 USB ACTIVE 指示灯点亮，一段时间后，USB ACTIVATE 指示灯熄灭，USB READY 指示灯点亮。

步骤 2：在计算机上，启动 NI ELVISmx Instrument Launcher，屏幕上显示如图 10-2 所示的 NI ELVIS II 仪器启动器界面，此时，测量工作准备就绪。

图 10-2　NI ELVIS 仪器启动器界面

步骤 3：在原型实验板上按照图 10-1（b）所示电路进行连线，实物类似图 10-1

（a）：将输入电压 VCC 连接到 ［+5V］ 端子上；将地线连接到 ［GROUND］ 端子上；将外部引线的香蕉头端分别连接到 NI ELVIS 实验箱侧面的 DMM 电压输入 ［VΩ ➤＋］ 和 ［COM］ 端，另一端分别连接到电阻 R2 两端。

步骤 4：检查电路，合上原型实验板开关，为原型实验板供电，确认所有线路连接妥 当（三盏电源指示 LED 灯：+15V、−15V、+5V 点亮且呈绿色）。

步骤 5：启动"数字万用表"（Digital Multimeter）SFP，将数字万用表调到"直流电压"档 V⁼ ，按下"运行"按钮 ➡ ，显示测得的电压，如图 10 − 3 所示。

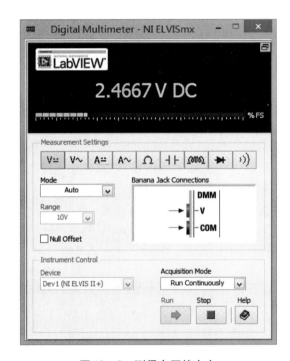

图 10 − 3　测得电压的大小

步骤 6：按下"停止"按钮 ■ 结束运行，对原型实验板断电。

步骤 7：更换 R2 电阻为其他阻值的电阻，重复测量。

10.2　实验二　元件参数的测量

使用 NI ELVIS II⁺ 软件的数字万用表 SFP 做几个元件参数测量的实验。

10.2.1　电阻的测量

NI ELVIS II⁺ 的数字万用表 SFP 集成了欧姆表，可用于测量电阻大小。

测量步骤如下：

步骤 1：按图 10 − 4 接好电路，外部引线的香蕉头端分别连接到 NI ELVIS II⁺ 实验箱侧面的 DMM 电压输入 ［VΩ ➤＋］ 和 ［COM］ 端，另一端分别连接到电阻两端。

步骤 2：启动数字万用表 SFP，将数字万用表调到"电阻" Ω 档，并按下"运行"按

钮 ，显示测得的电阻值，如图 10 – 5 所示。

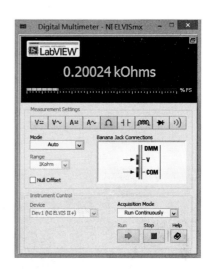

图 10 – 4　电阻测量图

图 10 – 5　电阻测量显示

步骤 3：按下"停止"按钮 ■ 结束运行。

步骤 4：更换电阻 R 为其他阻值的电阻，重复测量。

10.2.2　二极管的测量

NI ELVIS II$^+$ 的数字万用表 SFP 集成了二极管测量功能，可用于判定二极管的极性以及测量二极管正极到负极的电压降。

测量步骤如下：

步骤 1：按图 10 – 6 所示接好电路，外部引线的香蕉头端分别连接到 NI ELVIS 实验 箱侧面的 DMM 电压输入 ［VΩ ➤➜］ 和 ［COM］ 端，另一端分别连接到二极管的正极和负极。

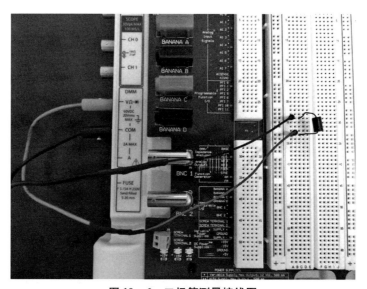

图 10 – 6　二极管测量接线图

步骤 2：启动数字万用表 SFP，将数字万用表调到"二极管"档 ✦，按下"运行"按钮 ➡，显示测得的二极管正极到负极的电压降，如图 10 - 7（a）所示。

步骤 3：按下"停止"按钮 ◼ 结束运行，将二极管正负极对调，正极接［COM］端，负极接［VΩ ✦］端。

步骤 4：重新启动 DMM SFP 并按下"运行"按钮 ➡，将数字万用表调到"二极管"档✦，显示测得二极管两端为"开路"（OPEN），如图 10 - 7（b）所示。

步骤 5：按下"停止"按钮 ◼ 结束运行。

步骤 6：更换电阻 R 为其他阻值的电阻，重复测量。

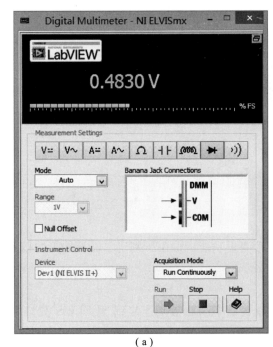
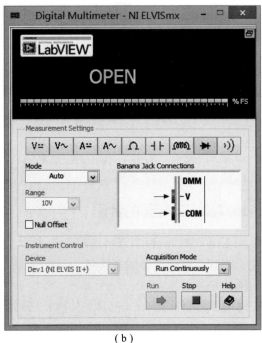

（a）   （b）

图 10 - 7　二极管测量结果

（a）二极管正向连接，测得两端电压；（b）二极管反向连接，测得开路

10.2.3　通断测量

NI ELVIS II + 的数字万用表也可实现通断测量功能。

测量步骤如下：

步骤 1：连接两根带香蕉头的外部引线，香蕉头端分别连接到 NI ELVIS 实验箱侧面的 DMM 电压输入［VΩ ✦］和［COM］端。

步骤 2：启动数字万用表 SFP，将数字万用表调到"通断测量"档 ⤵，按下"运行"按钮 ➡，将两根外部引线头端相互碰触，数字万用表 SFP 上显示阻值与"GOOD"字样，如图 10 - 8（a）所示，同时计算机扬声器发出声响，表明两根引线处为通路。

步骤 3：将两根外部引线头端接在一个电阻两端，数字万用表 SFP 上显示当前电阻的阻值与"OPEN"字样，如图 10 - 8（b）所示，计算机扬声器不发出声响，表明两根引线处存在一定电阻。

步骤 4：将两根外部引线头端接在一个放完电的电容器两端，数字万用表 SFP 上显示 "+ Over" 与 "OPEN" 字样，如图 10 - 8（b）所示，计算机扬声器不发出声响，表明两根引线处完全断路。

步骤 5：按下"停止"按钮 ■ 结束运行。

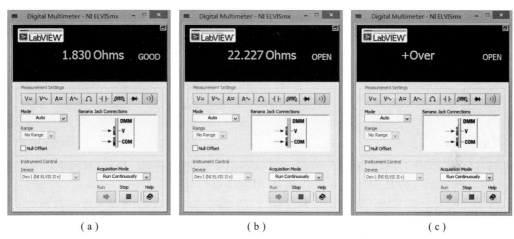

（a）　　　　　　　　　　　　（b）　　　　　　　　　　　　（c）

图 10 - 8　使用 DMM "通断测量"的不同情况

（a）通路；（b）有电阻；（c）断路

10. 2. 4　电容的测量

使用 NI ELVIS II + 的数字万用表也可以进行电容的测量。进行电容测量时，电容两脚分别接入 DUT - 和 DUT + 端。

测量步骤如下：

步骤 1：按图 10 - 9 所示接好电路，接通原型实验板电源，两根引线的其中一端分别连接到 NI ELVIS II + 原型实验板面包板上的［DUT + ］和［DUT - ］端，另一端分别连接到电容器两端。

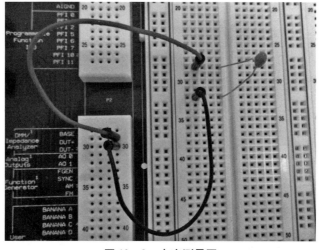

图 10 - 9　电容测量图

步骤 2：启动数字万用表 SFP，将数字万用表调到
"电容"档 ┤├ ，按下"运行"按钮 ➡ ，显示测得的
电容值，如图 10 – 10 所示。

步骤 3：按下"停止"按钮 ■ 结束运行，对原型
实验板断电。

步骤 4：更换电容器为其他电容值的电容器，重
复测量。

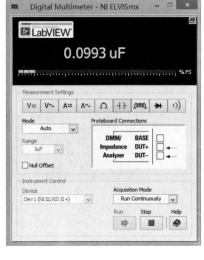

图 10 – 10　电容测量显示

10. 2. 5　电感测量

NI ELVIS II⁺ 的数字万用表可以测量电感元件的
电感。

测量步骤如下：

步骤 1：按图 10 – 11 所示接好电路，接通原型实
验板电源，两根引线的其中一端分别连接到 NI ELVIS
II⁺ 原型实验板面包板上的 ［DUT +］ 和 ［DUT –］ 端，另一端分别连接到电感线圈的两端。

步骤 2：启动数字万用表 SFP，将数字万用表调到"电感"档 ，按下"运行"按钮
➡ ，显示测得的电感值，如图 10 – 12 所示。

图 10 – 11　电感测量图

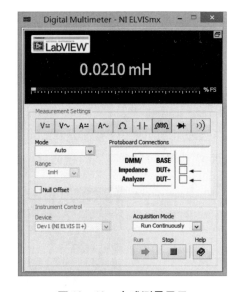

图 10 – 12　电感测量显示

步骤 3：按下"停止"按钮 ■ 结束运行，对原型试验板断电。
更换电感线圈为其他电感值的电感线圈，重复测量。

10.3　实验三　信号分析及输出

使用 NI ELVIS II⁺ 原型试验板，可以进行信号分析与输出实验。

NI ELVIS II⁺中能够进行信号生成的软前面板有任意波形发生器（Arbitrary Waveform Generator）、函数信号发生器（Function Generator）、数字信号写入器（Digital Writer）等，能够进行信号分析的软前面板有示波器（Oscilloscope）、8 频道示波器（8 – Channel Oscilloscope）、波特率分析仪（Bode Analyzer）、数字信号读取器（Digital Reader）、动态信号分析仪（Dynamic Signal Analyze）、倍频分析仪（Octave Analyzer）等，提供了多种信号分析与输出方式。

10.3.1　函数信号发生器以及示波器的使用

首先，学习函数信号发生器及示波器的使用。

实验步骤如下：

步骤 1：按图 10 – 13 所示连接电路：使用导线连接原型实验板面包板上的 FGEN（位于面包板最左侧区域第 33 行）和 AI 0 +（第 1 行）、AIGND（第 18 行）和 AI 0 -（第 2 行）。

步骤 2：合上 NI ELVIS II⁺ 试验箱开关以及原型试验板开关，弹出仪器启动器界面。

步骤 3：打开函数发生器（Function Generator），显示如图 10 – 14 所示界面，可以改变输出波形的形状、频率（Frequency）、幅度（Amplitude）、直流偏移（DC Offset）、调制形式（Modulation Type）以及扫描设置（Sweep Settings，包括开始频率（Start Frequency）、停止频率（Stop Frequency）、步进量（Step）、步进间隔时间（Step Interval））等，"信号通路"（Signal Route）选项默认为"原型试验板"（Prototyping Board）。

图 10 – 13　实验接线图

图 10 – 14　函数发生器界面

步骤 4：打开示波器（Oscilloscope），显示如图 10 – 15 所示界面，可以改变频道 0（Channel 0）和频道 1（Channel 1）的信号源（Source）、电压幅度（Scale Volts/Div）、垂直

位置（Vertical Position（Div））、时间间隔（Timebase）、触发方式（Trigger，包括触发方式（Type，包含立即触发（Immediate）、数字触发（Digital）、边沿触发（Slope））、触发源（Source）、垂直位置（Horizontal Position）、边沿形状（Slope）），频道 0 的信号源默认为示波器 CH 0（Scope CH 0），这里我们将其改为 AI 0。

步骤 5：设置函数发生器波形为正弦波，频率为 100Hz，幅度为 1.00（Vpp），直流偏移为 0.00V，调制形式为"无"（None），按下函数发生器的"运行"按钮 ，显示如图 10 – 16 所示。

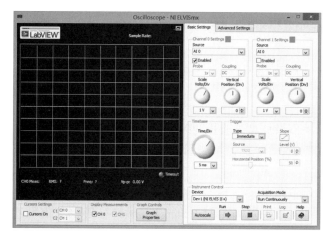

图 10 – 15　示波器界面

图 10 – 16　工作中的函数发生器界面

步骤 6：按下示波器的"运行"按钮 ，调节幅度、垂直偏移量、时间以及触发方式，观察显示的波形，在波形图下方可以读出输入信号的瞬时均方根电压值（RMS）、频率（Freq）以及幅度（Vp – p），显示如图 10 – 17 所示。

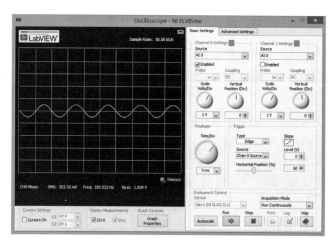

图 10 – 17　工作中的示波器界面

步骤 7：按下示波器的"停止"按钮 停止示波器的工作，示波器显示停留在按下"停止"按钮之前的图形上，可以按下"打印"（Print）按钮 打印或输出实验数据为文件，或按下"日志"（Log）按钮  输出为文本文档。

步骤 8：按下函数发生器的"停止"按钮 ■ 停止函数发生器的信号输出，更改函数发生器的输出信号波形形状、频率、幅度、直流偏移量，重复实验。

步骤 9：可以通过函数发生器的"扫频"（Sweep）功能生成具有一定开始、截止频率、一定步进量和一定步进时间的扫频信号。在函数发生器的"扫频设置"区域设置开始频率 100Hz，停止频率为 1kHz，步进量为 100Hz，步进间隔为 1 000ms，按下"扫频"按钮 ⌇⌇，界面显示如图 10 - 18 所示；则将生成频率依次为 100Hz、200Hz……直到 1 000Hz，每个频率持续时间 1s 的扫频信号，发出完最后一个扫频信号后，函数发生器将自动停止运行，示波器界面显示如图 10 - 19 所示。

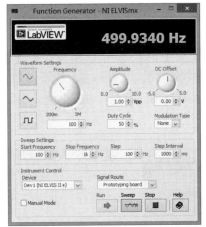

图 10 - 18　扫频中的函数发生器界面

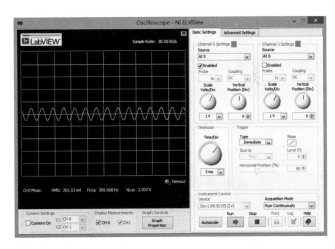

图 10 - 19　扫频中的示波器界面

步骤 10：在仪器启动器界面上打开 8 通道示波器（8 - Channel Oscilloscope），该信号可以 对原型试验板上的输入信号 AI 0 ~ AI 7 共 8 个通道的输入信号进行分析，可以设置 8 个通道的启用或禁用（点按指示灯控制亮灭，点亮启用，熄灭禁用），设置电压幅度（Scale Volts/Div）、时间幅度（Time/Div）、触发方式（Trigger，包括立即触发（Immediate）、数字触发（Digital）、边沿触发（Slope））、触发源（Source）、垂直位置（Horizontal Position）、边沿形状（Slope）），界面如图 10 - 20 所示。

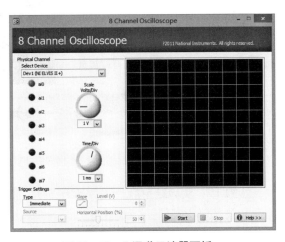

图 10 - 20　8 通道示波器面板

步骤 11：按步骤 5 所示设置好函数发生器输出信号后，按下函数发生器面板上的"运行"按钮 ➡ 输出信号，之后按下 8 通道示波器的"开始"按钮 ▶ Start，调节幅度、垂直偏移量、时间以及触发方式，观察显示的波形，在波形图下方可以读出输入信号的瞬时均方根电压值（RMS）、频率（Freq）以及幅度（Vp - p），显示如图 10 - 21 所示。

步骤 12：按下 8 通道示波器的"停止"按钮 ■ Stop 停止示波器的工作。

步骤 13：按下函数发生器的"停止"按钮 ■ 停止函数发生器的信号输出，更改函数发生器的输出信号波形形状、频率、幅度、直流偏移量，重复实验。

步骤 14：NI ELVIS II + 原型试验板的"SYNC"端（面包板最左侧第 34 行）提供与 FGEN 输出模拟信号同步的 TTL 数字信号输出。关闭原型试验板开关，将接入 FGEN（面包板左侧区域第 33 行）的线改接入 SYNC（面包板左侧区域第 34 行）；

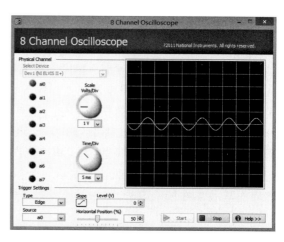

图 10 - 21　工作中的 8 通道示波器面板

接好后检查电路，重新合上原型试验板开关，设置函数发生器波形为正弦波，频率为 100Hz，幅度为 5.00（Vpp），直流偏移为 0.00V，调制形式为"无"（None），按下函数发生器的"运行"按钮 ➡，显示如图 10 - 22 所示，按下示波器的"运行"按钮 ➡，示波器显示的波形如图 10 - 23 所示；

图 10 - 22　接入 SYNC 的
函数发生器界面

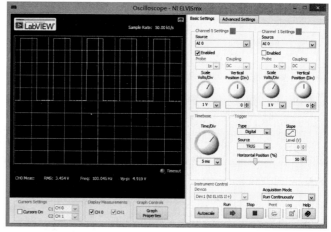

图 10 - 23　接入 SYNC 的示波器界面

步骤 15：实验结束后，关闭所有 SFP，依次关闭原型试验板开关和 NI ELVIS II⁺ 实验箱电源开关，停止实验。

10.3.2　任意波形发生器的使用

NI ELVIS II⁺ 的任意波形发生器（Arbitrary Waveform Generator）可以生成由文件规定的任意形状的波形，可以使用其自带的波形编辑器编辑新的波形。波形的形状可以有正弦波、方波、三角波、高斯白噪声、汉宁波等，可以使用任意两个波形进行加、减、乘、除或调频（FM）处理。信号从 AO0、AO1 两个模拟输出端输出，两个模拟输出端分别位于原型试验板面包板左侧区域的第 31 行和 32 行。

实验步骤如下：

步骤 1：按图 10 – 24 所示连接电路：使用导线连接原型实验板面包板上的 AO0（位于面包板最左侧区域第 31 行）和 AI 0 +（第 1 行）、AIGND（第 18 行）和 AI 0 –（第 2 行）；

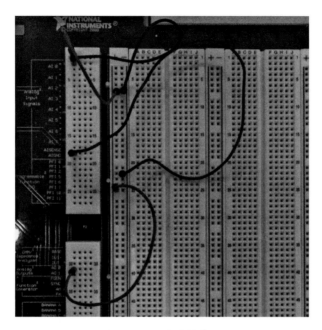

图 10 – 24　实验接线图

步骤 2：合上 NI ELVIS II⁺ 试验箱开关，弹出仪器启动器界面。

步骤 3：打开任意波形发生器（Arbitrary Waveform Generator），显示如图 10 – 25 所示界面。在"波形设置"（Waveform Settings）区域，可以打开或关闭输出信号通道、导入文件所储存的波形、改变增益（Gain）大小；在"时间与触发"（Timing and Triggering Settings）区域，可以设置更新频率（Update Rate）、触发源（Trigger Resource）；在"仪器控制"（Instrument Control）区域，可以选择仪器、设置触发模式（Generation Mode）为"连续运行"（Run Continuously）或"运行一次"（Run Once）。

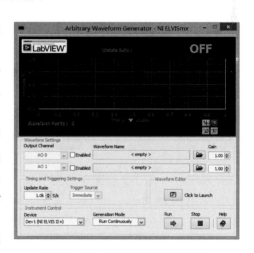

图 10 – 25　任意波形发生器 SFP

步骤 4：点开"波形编辑器"（Waveform Editor）中的按钮 ，弹出如图 10 – 26 所示的波形编辑器窗口。可以改变视图（View，有"波形"（Waveform）、"片段"（Segment）和"内容"（Component）三种选择）、X 轴（X Axle，可以选择"时间"（Time）或"频率"（Frequency））、采样率（Sample Rate）及其单位（Unit）。初始设有一个长 10s 的空片段

（1：10sec），可以采用"新建片段"（New Segment）按钮增加片段，使用"新建内容"（New Component）按钮为已知的片段增加内容。

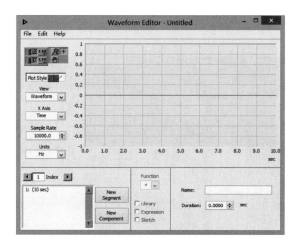

图 10-26 "波形编辑器"界面

步骤 5：点击"新建内容"按钮，波形编辑器中片段"1：10sec"下增加了一个内容，为"正弦函数"。片段可以选取已知库（Library）中函数，也可以由表达式（Expression）给出，或者由外部文件生成的草图（Sketch）给出。库中给出的信号形式有直流电平（DC Level）、正弦波（Sine）、方波（Square）、三角波（Triangle）、锯齿波（Sawtooth）、一致噪声（Uniform Noise）、三角噪声（Triangular Noise）、高斯噪声（Gaussian Noise）、上升 exp 波（Rising exp）、下降 exp 波（Falling exp）、汉宁窗（Hanning）、斜坡函数（Ramp）、线性扫频波（Lin Sweep）、对数扫频波（Log Sweep）、sinc 函数（Sin x/x）、多频音波（Multitone）、梯形窗（Trapezoid）、阶梯步进信号（Stairstep）、圆窗（Circle）、半正矢窗（Haversine）、脉冲（Pulse）几种，可以对其参数进行设置，如图 10-27 所示；表达式给出的信号生成波形如图 10-28 所示，可以设置表达式形式、自变量 x 范围以及周期数。通过已经保存的波形生成内容如图 10-29 所示，可以导入之前保存的波形文件生成内容。新加入的内容可与以前存在的内容进行加、减、乘、除以生成复杂信号。选中内容或片段，按键盘上的 Delete 键即可删除所选内容或片段。接下来，再生成一个正弦信号叠加高斯噪声的简单信号并保存。

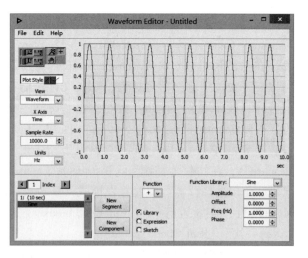

图 10-27 通过库中波形生成内容

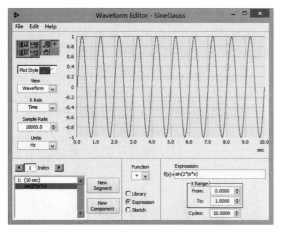

图 10 - 28　通过表达式生成内容

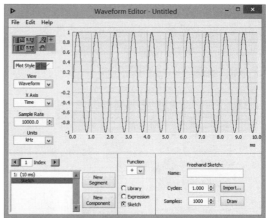

图 10 - 29　通过已保存的波形生成内容

步骤6：选中刚才生成的内容（Sine），在中间的内容属性选项卡中选择"库"（Library），"运算"（Function）默认为"＋"。右侧的属性选项卡中，"函数库"（Function Library）选择"正弦"（Sine），"幅度"（Amplitude）设为1，"偏移"（Offset）设为0，"频率（Hz）"（Freq（Hz））设为0，"相位"（Phase）设为0，如图10 - 30所示。

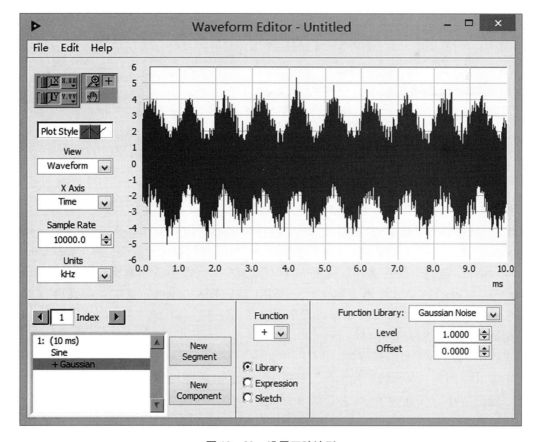

图 10 - 30　设置正弦波形

步骤 7：按下"新建内容"按钮新建一个内容，在中间的内容属性选项卡中选择"库"（Library），"运算"（Function）选择为"＋"。右侧的属性选项卡中，"函数库"（Function Library）选择"高斯噪声"（Gaussian Noise），"级别"（Level）设为 1，"偏移"（Offset）设为 0，如图 10 – 31 所示。

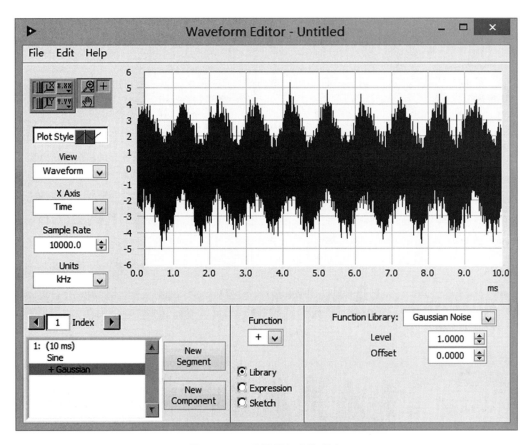

图 10 – 31　设置叠加高斯噪声

步骤 8：在"文件"（File）菜单中选择"保存…"（Save…）命令（或使用键盘上 Ctrl + S 按键），保存波形。默认存储地址为 C:\Users\Public\Documents\National Instruments\Waveforms，用户也可以自行在其他地址进行存储。默认存储格式为波形文件（Waveform File (.wdt)）格式，通过"另存为…"（Save As…）命令，保存为波形编辑器文件（Waveform Editor File (.wfm)）、ASCII 码文本文档（ASCII Text File (.txt)）或二进制文件（Binary File (.bin)），这些文件均可被用作内容草图引用。这里，我们将其存储为 SineGauss. wdt，保存完毕后关闭波形编辑器窗口。

步骤 9：合上原型试验板开关。

步骤 10：回到"任意波形发生器"SFP，在"波形设置"（Waveform Settings）区域中，勾选"输出信号"（Output Signal）后的 AO 0 选项后的"启用"（Enable）复选框，点击对应的"波形名称"（Waveform Name）后的"打开文件"按钮，打开之前创建的 SineGauss. wdt，按下"运行"按钮，启动任意波形发生器，输出生成的叠加了高斯白噪声的正弦波信号，如图 10 – 32 所示。

步骤 11：在仪器启动器界面上打开示波器，设置频道 0 的信号源为 AI 0，按下"运行" ⬛➡ 按钮启动示波器，可以看到任意波形发生器输出的波形，如图 10 – 33 所示。

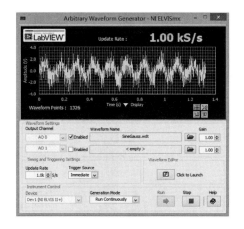

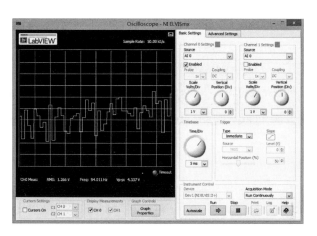

图 10 – 32　输出信号的任意
波形发生器界面

图 10 – 33　任意波形发生器输出的波形界面

步骤 12：实验结束后，按下任意波形发生器的"停止"按钮 ⬛ 停止函数发生器的信号输出，并关闭所有打开的 SFP，关闭 NI ELVIS II⁺ 原型试验板开关和实验箱电源开关，停止实验。

10. 3. 3　数字写入器的使用

NI ELVIS II⁺ 的数字写入器（Digital Writer）用于输出 8 位并行数字信号。生成的信号可以从原型试验板的 DIO0 – DIO7、DIO8 – DIO15 或 DIO16 – DIO23 这三组各 8 个数字信号输入/输出端口的任何一组进行输出。

实验步骤如下：

步骤 1：使用导线分别连接原型实验板面包板上的 DIO0 ~ DDI7（位于面包板最右侧区域第 1 ~ 8 行）和对应的 LED0 ~ LED7（位于面包板最右侧区域第 35 ~ 42 行）。

步骤 2：合上 NI ELVIS II⁺ 试验箱开关，弹出仪器启动器界面。

步骤 3：打开"数字写入器"（Digital Writer），显示图 10 – 34 所示界面，在"配置设置"（Configuration Settings）区域，可以选择写入信号线（Lines to Write，有 0 ~ 7、8 ~ 15、16 ~ 23 三种选择，默认选择 0 ~ 7）、信号模式（Pattern，有手动（Manual）、斜坡型（Ramp（0 – 255））、交替 1/0（Alternating 1/0's）和跑马灯（Walking 1's）四种）。在"仪器控制"（Instrument Control）区域，可以选择仪器、设置触发模式（Generation Mode）为"连续运行"（Run Continuously）或"运行一次"（Run Once）。上方的指示灯点亮表示当前输出线的状态为真/1，输出高电位（见图 10 – 35）；熄灭则表示状态为假/0，输出低电位。

步骤 4：将"信号模式"（Pattern）选择为"手动"（Manual），在"手动模式"（Manual Pattern）右边的输入框内输入一个范围在 0x00 – 0xFF 的十六进制数，或手动调节各条线（Lines）对应的开关状态，高电位（HI）表示真/1，低电位（LO）表示假/0；对于设置的输出数字，"动作"（Action）区域中可以进行"反相"（Toggle）、"轮转"（Rotate）、"移位"（Shift）等操作，输出一个设定的 8 位二进制数，如图 10 – 35 所示。调节完毕后按下"运行"按钮 ，LED 灯的亮灭与设定的对应输出线的电位高低应相吻合，如图 10 – 36 所示。

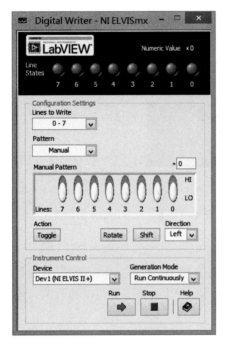

图 10 – 34 "数字写入器"
（Digital Writer）SFP

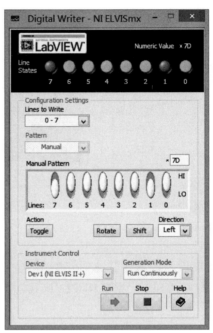

图 10 – 35 输出状态下的"数字写入器"（Digital Writer）SFP

图 10 – 36 LED 灯状态与设定相符

步骤 5：按下"停止"按钮 ，虽然信号写入器停止了写入，但 LED 灯并没有熄灭，因此，在使用完毕数字写入器后，需要手动输入十六进制 0 或将所有开关置于低电位，"触发模式"（Generation Mode）选择为"运行一次"（Run Once），按下"运行"按钮 ，手动将数字写入器输出归零。

步骤 6：将"信号模式"（Pattern）选择为"斜坡型（0 – 255）"（Ramp（0 – 255）），按下"运行"按钮 ，可以观察到输出数据以 0x00 – 0xFF 依次进行输出，LED 灯的显示也按此规律变化，前面板如图 10 – 37 所示。若"触发模式"（Generation Mode）选择为"连续运行"（Run Continuously），则显示完 FF 后又从 00 开始显示，循环运行，直到按下"停止"按钮 才暂停；若"触发模式"（Generation Mode）选择为"运行一次"（Run Once），运行一轮后，显示将停留在 0xFF（即所有线均为 1），不再发生变化。

步骤 7：将"信号模式"（Pattern）选择为"交替 1/0"（Alternating 1/0's），按下"运行"按钮 ，可以观察到输出数据以 0xAA（即二进制 10101010b）和 0x55（即二进制 01010101b）交替进行输出，LED 灯的显示也按此规律变化，前面板如图 10 – 38 所示。若"触发模式"（Generation Mode）选择为"连续运行"（Run Continuously），则该程序循环运行，直到按下"停止"按钮 才暂停；若"触发模式"（Generation Mode）选择为"运行一次"（Run Once），运行一轮后，显示将停留在 0x55（即二进制 01010101b），不再发生变化。

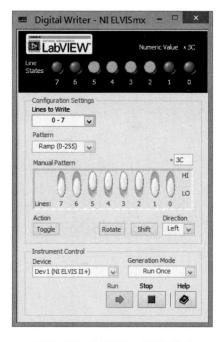

图 10 – 37　"斜坡 0 – 255"模式

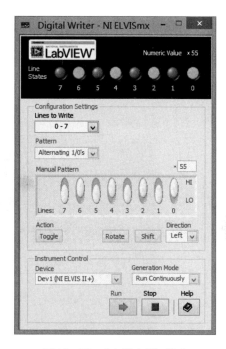

图 10 – 38　"交替 1/0"模式

步骤 8：将"信号模式"（Pattern）选择为"跑马灯"（Walking 1's），按下"运行"按钮 ➡，可以观察到输出数据依次以仅 0 – 7 线为 1，其他线全为 0 进行输出，LED 灯的显示也按此规律变化，前面板如图 10 – 39 所示。若"触发模式"（Generation Mode）选择为"连续运行"（Run Continuously），则该程序循环运行，直到按下"停止"按钮 ■ 才暂停；若"触发模式"（Generation Mode）选择为"运行一次"（Run Once），运行一轮后，显示将停留在 0x80（即二进制 10000000b），不再发生变化。

步骤 9：对数字写入器输出手动置 0，关闭 NI ELVIS II⁺ 原型试验板电源，将所有接线取下，将 DIO 0 输出（位于原型试验板面包板部分最右侧第 1 行）与 AI 0 + 输入（位于原型试验板面包板部分最左侧第 1 行）相接，将 AI 0 – 输入（位于原型试验板面包板部分最左侧第 2 行）接入 AIGND 输

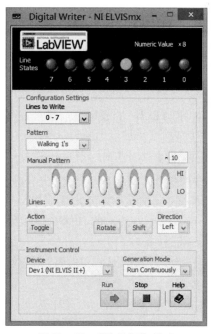

图 10 – 39　"跑马灯"模式

出（位于原型试验板面包板部分最左侧第 18 行）。连接完毕后，合上 NI ELVIS II + 原型试验板电源开关，打开"示波器"SFP，将 CH 0 的信号源设置为 AI 0，在"数字写入器" SFP 上，设置写入信号线（Lines to Write）为 0 - 7，"信号模式"（Pattern）设为"跑马灯"（Walking 1's），"触发模式"（Generation Mode）选择为"连续运行"（Run Continuously），依次按下"数字写入器"SFP 和"示波器"SFP 的"运行"按钮 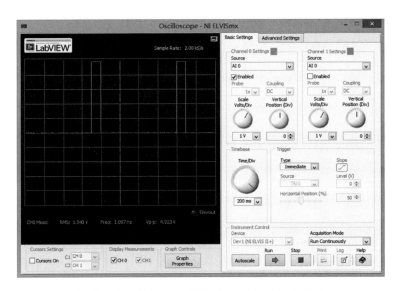 在示波器上可以观察到数字写入器连续输出的跑马灯信号，如图 10 - 40 所示。

图 10 - 40　示波器显示的连续输出的跑马灯信号

步骤 10：停止示波器运行，对数字写入器输出手动置 0，关闭 NI ELVIS II + 原型试验板电源和实验箱电源，结束实验。

10.3.4　数字读取器的使用

NI ELVIS II + 的数字读取器（Digital Reader）用于读取 8 位并行数字信号。读取的信号可以从原型试验板的 DIO0 - DIO7、DIO8 - DIO15 或 DIO16 - DIO23 这三组各 8 个数字信号输入/输出端口的任何一组进行输入。

实验步骤如下：

步骤 1：使用导线分别连接原型实验板面包板上的 DIO0 ~ DDI7（位于面包板最右侧区域第 1 ~ 8 行）和对应的 DIO8 ~ DIO15（位于面包板最右侧区域第 9 ~ 16 行，注意 DIO x 连接 DIO x + 8（0 ≤ x ≤ 7））。

步骤 2：合上 NI ELVIS II + 试验箱开关，弹出仪器启动器界面。

步骤 3：打开数字写入器 SFP，将写入信号线（Lines to Write）设为 0 - 7，"信号模式"（Pattern）选择为"手动"（Manual），在"手动模式"（Manual Pattern）右边的输入框内输入一个范围在 0x00 - 0xFF 的十六进制数，或手动调节各条线（Lines）对应的开关状态，高电位（HI）表示真/1，低电位（LO）表示假/0，调节完毕后按下"运行"按钮 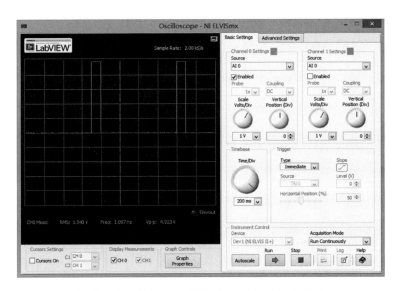，输出一个设定的 8 位二进制数，本例中设输出为 0x6B，数字写入器 SFP 界面如图 10 - 41

所示。

步骤 4：打开"数字读取器"（Digital Reader）SFP，界面显示如图 10-42 所示。"配置设置"（Configuration Settings）区域，可以选择"读取信号线"（Lines to Read，有 0-7、8-15、16-23 三种选择，默认选择 8-15），在"仪器控制"（Instrument Control）区域，可以选择仪器、设置触发模式（Generation Mode）为"连续运行"（Run Continuously）或"运行一次"（Run Once）。我们选择"读取信号线"为默认的 8-15，"触发模式"为"运行一次"，按下"运行"按钮 ，将读取 DIO8 ~ DIO15 目前所显示的信号。由于 DIO8 ~ DIO15 分别连接数字写入器的输出 DIO0 ~ DIO7，因此，读取结果应与数字写入器 SFP 的输出应该相吻合，本例中同数字写入器输出 0x6B。

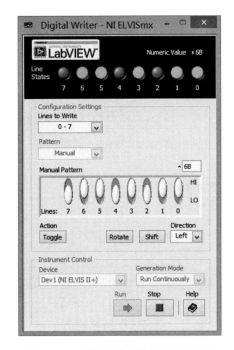

图 10-41　数字写入器输出 SFP 界面　　　　　**图 10-42　数字读取器 SFP 界面**

步骤 5：将数字写入器的"信号模式"（Pattern）改为"斜坡型（0-255）"（Ramp（0-255））、"交替 1/0"（Alternating 1/0's）或"跑马灯"（Walking 1's），"触发模式"（Generation Mode）选择为"连续运行"（Run Continuously），依次按下数字写入器和数字读取器的"运行"按钮 ，可以发现数字读取器的显示和数字写入器的输出同步变化，如图 10-43 所示。

步骤 6：按下数字读取器 SFP 上的"停止"按钮 停止数字读取器运行，对数字写入器输出手动置零，关闭 NI ELVIS II+ 原型试验板电源和实验箱电源，结束实验。

10.3.5　动态信号分析仪和倍频分析仪的使用

NI ELVIS II+ 提供的动态信号分析仪（Dynamic Signal Analyzer，DSA）SFP 可以对输入信号进行快速傅里叶变换（FFT），获取输入信号的频谱信息、总谐波失真（THD）、信纳比（SINAD），并可以输出结果。

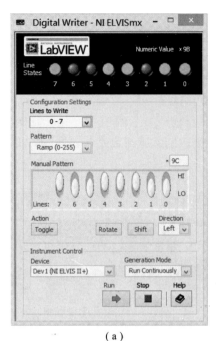 

（a） （b）

图 10 - 43　同步变化的数字写入器的输出和数字读取器的显示

（a）数字写入器输出；（b）数字读取器显示

倍频分析仪（Octave Analyzer）SFP 用于对信号进行一定范围内的倍频频谱分析。

实验步骤如下：

步骤 1：按图 10 - 13 所示连接电路：使用导线连接原型实验板面包板上的 FGEN（位于面包板最左侧区域第 33 行）和 AI 0 +（第 1 行）、AIGND（第 18 行）和 AI 0 -（第 2 行）。

步骤 2：合上 NI ELVIS II⁺ 试验箱开关以及原型试验板开关，弹出仪器启动器界面。

步骤 3：打开函数发生器 SFP，设置波形为正弦波，频率（Frequency）为 1kHz，幅度（Amplitude）为 2.0Vpp，直流偏移（DC Offset）为 0.5V，"信号通路"（Signal Route）选项为"原型试验板"（Prototyping Board），按下"运行"按钮 ➡，发送信号，SFP 显示如图 10 - 44 所示。

步骤 4：打开动态信号分析仪 SFP，其面板如图 10 - 45 所示，设置信号源频道（Sorce Channel）为 AI 0，按下"运行"按钮 ➡，SFP 左侧的显示区域显示函数发生器发出的信号的频谱（可以选择功率谱（Power Spectrum）或功率频谱密度（Power Spectral Density））、信号总谐波失真（THD（%））、信纳比（SINAD（dB））以及信号的波形；右侧为设置区域，在"输入设定"（Input Settings）区域，可

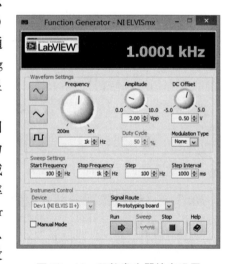

图 10 - 44　函数发生器输出设置

以设置信号源频道（可以选择 BNC 接口 SCOPE CH0/SCOPE CH1 或原型试验板上的 AI 0 ~ AI 7，默认为 SCOPE CH0）、电压幅度（Voltage Range，可选择 +/－10V、+/－5V、+/－500mV、+/－50mV，默认为 +/－10V）；在"FFT 设置"（FFT Settings）区域，可以设置频率跨度（Frequency Span）、解析度（线）（Resolution（lines））和窗类型（Window，包括 None、Hamming、Hanning、Blackman－Harris、Exact Blackman、Blackman、平顶（Flat Top）、4 参数 Blackman－Harris（4－Terms B－Harris）、7 参数 Blackman－Harris（7－Terms B－Harris）和低侧峰（Low Sidelobe）等常见窗；在"均值"（Average）区域中，可以设置模式（Mode，包括 None、矢量（Vector）、均方根（RMS）以及峰值保持（Peak Hold））；当模式选择为"矢量"或"均方根"时，可以设置权重（Weighing）为"线性"（Linear）或"指数型"（Exponential）以及平均值数量；在"触发"（Trigger）区域中，可以设定触发方式（Type，包含立即触发（Immediate）、数字触发（Digital）、边沿触发（Slope））、触发源（Source）、垂直位置（Horizontal Position）、边沿形状（Slope）；在"频率显示"（Frequency Display）区域中，可以设置单位（Unit，包括线性（Linear）、分贝（dBm）、模式（Mode，包括均方根（RMS）和峰值（Peak））以及重新平均；在"比例"（Scale）区域，可以手动或自动设置比例，当选择"手动"时，可设置 y 轴最大值和最小值；在"仪器控制"（Instrument Control）区域，可以选择仪器、设置触发模式（Generation Mode）为"连续运行"（Run Continuously）或"运行一次"（Run Once）。

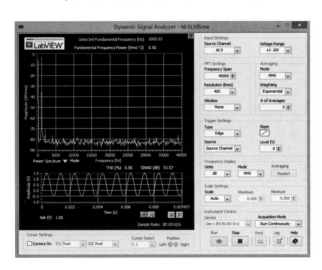

图 10－45　动态信号分析仪显示

　　步骤 5：按下动态信号分析仪的"停止"按钮 ■ 停止动态信号分析仪的工作，动态信号分析仪停止工作后，停止前采集的数据仍然保留在仪器内，可以按下"打印"（Print）按钮 打印或输出实验数据为文件，或按下"日志"（Log）按钮 输出为文本文档。

　　步骤 6：在仪器启动器界面打开倍频分析仪 SFP，左侧的设置区域中，"物理频道"（Physical Channel）部分可以选择设备（Select Device）、输入通道（Channel（s），这里采用参考单端（RSE）模式，输入通道可以选择 ai0－ai15，其中 ai0－ai7 对应原型试验板上的 AI 0 + ~ AI 7 +，ai8 ~ ai15 对应原型试验板上的 AI 0 - ~ AI7 -，以 AIGND 为参考）、最大及最小电压；"指数平均"（Exponential Average）部分可以选择模式（Mode）为快速（Fast）、慢速（Slow）、脉冲（Impulse）或自定义（Custom）；当选择"自定义"时，可以自定义时间常量（Time Constant（ms））；在"频率"（Frequency）部分可以设置低频带（Low Band）、高频带（High Band）以及加权（Weighing，包括线性（Linear）和 A、B、C 三类加权），按下"开始"按钮 ▶ Start ，可以进行倍频分析，波形在时间域中的变化以及频率域中的变化分别如图 10-46（a）和图 10-46（b）所示，按下"停止"按钮 ■ Stop ，可以停止倍频分析仪的工作。

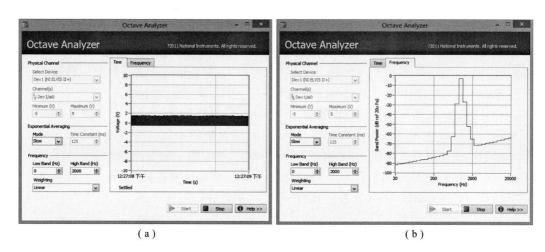

图 10-46 倍频分析仪的显示

（a）时间域；（b）频率域

步骤 7：按下函数发生器的"停止"按钮 ■ 停止函数发生器的信号输出。

步骤 8：使函数发生器产生不同形状、频率、幅度、直流偏移的其他信号，重复实验。

步骤 9：实验结束后，依次关闭原型试验板开关和 NI ELVIS II⁺ 实验箱电源开关，停止实验。

10.4 实验四 基本运算放大器电路的频率响应

使用之前学过的 SFP 进行 UA741 运算放大器电路的频率响应测量。

10.4.1 原理

UA741 运算放大器是一款具有失调电压清零功能的通用运算放大器。广泛用于工业、商业、军事等用途。根据性能不同，有 UA741CD、UA741CP、UA741MJ 等型号，其有 8 个引脚，管脚分布如图 10-47 所示。NI ELVIS II + 原型试验板上的 + 15V 和 - 15V 电源可以满足 UA741 供电的需要。

UA741 的一个典型应用——反相放大电路的实例如图 10-48 所示。此时，运算放大器的两个输入引脚 2 和引脚 3 的电平均为 0，且没有电流流入运算放大器的输入端。电容 C1 用来使输入引脚 2 和引脚 3 之间产生短路。因此，输出信号强度 U_o 与输入信号强度 U_i 之比满足：

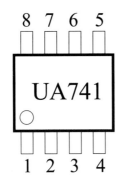

1——OFFSET N1（调零）
2——IN–（负输出端）
3——IN+（正输入端）
4——Vcc–（直流负电压供电）
5——OFFSET N2（调零）
6——OUT（输出端）
7——Vcc+（直流正电压供电）
8——NC（空引脚）
注：有的UA741短边中间有一个圆弧形缺口，此圆弧形缺口在左侧时，左下角为1号引脚

图 10 – 47　UA741 的引脚图

$$\frac{U_o}{U_i} = -\frac{R2}{R1} \tag{10 – 7}$$

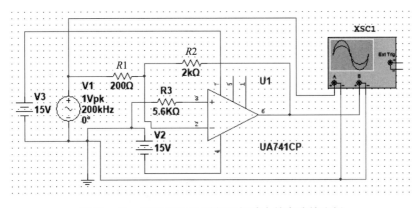

图 10 – 48　使用 UA741 进行反相放大的电路的实例

UA741 运算放大器的典型频率响应曲线如图 10 – 49 所示。频率响应类似一个低通滤波器，当输入信号的幅值不变，频率 f 高于一定值时，输出信号的幅值将会衰减，且输入信号的频率越高，衰减越严重。高截止频率 f_h 定义为增益 K 衰减至频率较低时的稳定增益 K_0 的 0.707 时的频率。

使用 UA741 的反相放大电路以及函数发生器的扫频功能，设计一个分析 UA741 的频率响应的实验。

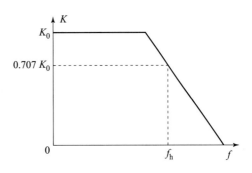

图 10 – 49　UA741 的典型频率响应曲线

10.4.2　实验步骤

实验步骤如下：

步骤 1：按图 10 – 48 所示连接电路：

①UA741 的 1、5、8 脚为空，4 脚接 –15V 电压输入（位于原型试验板面包板最左侧区

域第 52 行），7 脚接 +15V 电压输入（位于原型试验板面包板最左侧区域第 51 行）。

②地线接入 AIGND（位于原型试验板面包板最左侧区域第 18 行），模拟输入 AI 0 −、AI 1 − 接地。

③输入信号 FGEN（位于原型试验板面包板最左侧区域第 33 行）接入模拟输入 AI 0 +（位于原型试验板面包板最左侧区域第 1 行），与 UA741 的 2 脚之间接一个 200Ω 电阻，UA741 的 3 脚与地线之间接入一个 2K 电阻。

④输出为 UA741 的 6 脚，接入 AI 1 +，UA741 的 2 脚和 6 脚之间接入一个 5.6K 电阻。

步骤 2：合上 NI ELVIS II⁺ 试验箱开关以及原型试验板开关，弹出仪器启动器界面。

步骤 3：打开函数发生器和示波器 SFP，设置示波器频道 0（Channel 0）的信号源为 AI 0，示波器频道 1（Channel 1）的信号源为 AI 1，并同时勾选两个频道的"允许"（Enabled）复选框。

步骤 4：在函数发生器 SFP 上，设置信号形状为正弦波，频率（Frequency）为 100Hz，幅度（Amplitude）为 0.1 Vpp，直流偏移（DC Offset）为 0，如图 10 − 50（a）所示；依次按下函数发生器和示波器 SFP 面板上的"运行"按钮 ➡️，在示波器上可以看到输出信号正好是输入信号的反相，且进行了放大，输入信号峰—峰值（Vp − p）为 86mV，输出信号峰—峰值（Vp − p）约为 800mV，如图 10 − 50（b）所示。在频率为 100Hz 的情况下，运算放大器的输出可以认为是没有衰减的。

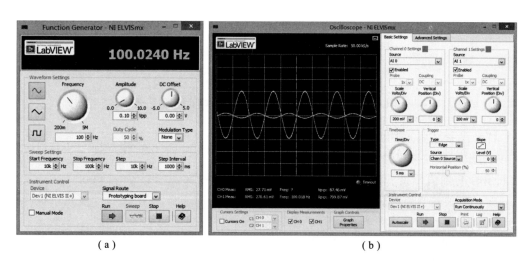

（a）　　　　　　　　　　　　　　　（b）

图 10 − 50　输入 0.1Vpp，100Hz 信号，观察运算放大器的输入和输出

（a）函数发生器设置；（b）输入信号（CH 0）和输出信号（CH 1）

步骤 5：在函数发生器 SFP 上，改变信号频率为 1kHz，其他设置不变，如图 10 − 51（a）所示，在示波器上可以看到输出信号正好是输入信号的反相，且进行了放大，输入信号峰—峰值（Vp − p）为 86mV，输出信号峰—峰值（Vp − p）仍然约为 800mV，如图 10 − 51（b）所示；在频率为 1kHz 的情况下，可以认为运算放大器的输出可以认为是没有衰减的。

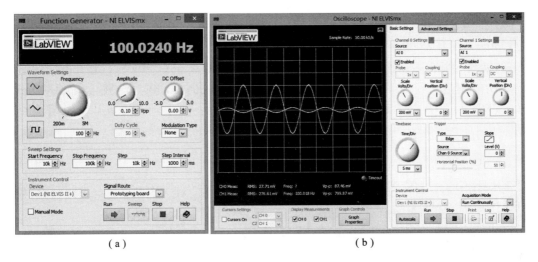

（a）　　　　　　　　　　　　　　　　　　　　　（b）

图 10 - 51　输入 0.1Vpp，1kHz 信号，观察运算放大器的输入和输出

（a）函数发生器设置；（b）输入信号（CH 0）和输出信号（CH 1）

步骤 6：按下函数发生器的"停止"按钮停止函数发生器的输出，在函数发生器的"扫频设置"（Sweep Setting）中，设起始频率（Start Frequency）为 1kHz，停止频率（Stop Frequency）为 10kHz，步进量（Step）为 1kHz，步进间隔时间（Step Interval）为 2000ms；先按下示波器 SFP 面板上的"运行"按钮 ➡，再按下"扫频"按钮 〰，进行扫频测试，记录每个扫频频率下 CH 1 的幅度（峰—峰值）。可以发现，当输入信号频率在 1 ~ 10kHz 时，输出信号幅值衰减不明显，说明 1 ~ 10kHz 仍然在 UA741 的工作频率范围内，如图 10 - 52 所示。

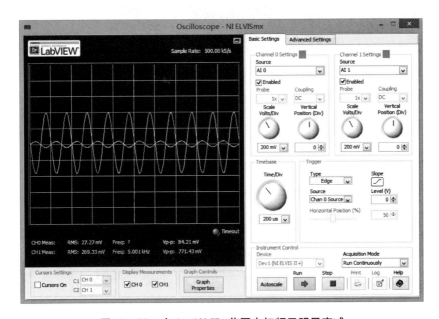

图 10 - 52　在 1 ~ 10kHz 范围内扫频无明显衰减

步骤 7：在函数发生器的"扫频设置"（Sweep Setting）中，设起始频率（Start Frequency）为 10kHz，停止频率（Stop Frequency）为 100kHz，步进量（Step）为 10kHz，步进间隔时间（Step Interval）为 2 000ms；按下"扫频"按钮 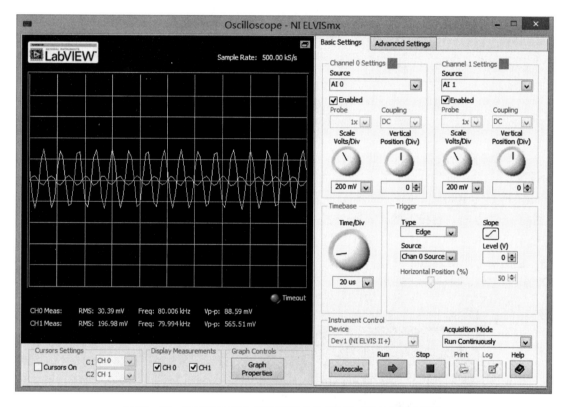 进行扫频测试，记录每个扫频频率下 CH 1 的幅度（峰—峰值）。可以发现，当输入信号频率高于 60kHz 时，输出信号幅值衰减已经比较明显，到 80kHz 时，输出信号峰—峰值为 565.51mV，与截止幅度 800mV × 0.707 = 565.6mV 相当，说明 UA741 在此情况下的截止频率约为 80kHz，如图 10 - 53 所示。

图 10 - 53　UA741 在输入信号频率约为 80kHz 时达到截止频率

步骤 8：在函数发生器的"扫频设置"（Sweep Setting）中，设起始频率（Start Frequency）为 75kHz，停止频率（Stop Frequency）为 85kHz，步进量（Step）为 1kHz，步进间隔时间（Step Interval）为 2000ms；进行扫频测试，记录每个扫频频率下 CH 1 的幅度（峰—峰值），找到 Vpp 最接近于 565.6mV 的频率值范围，在其附近进行更细致的扫频（范围更窄、步进更小），找出衰减正好为 0.707 的截止频率，如图 10 - 54 所示。

实验结束后，停止函数发生器以及示波器的运行，依次关闭 NI ELVIS II⁺ 原型试验板电源和实验箱电源，停止实验。

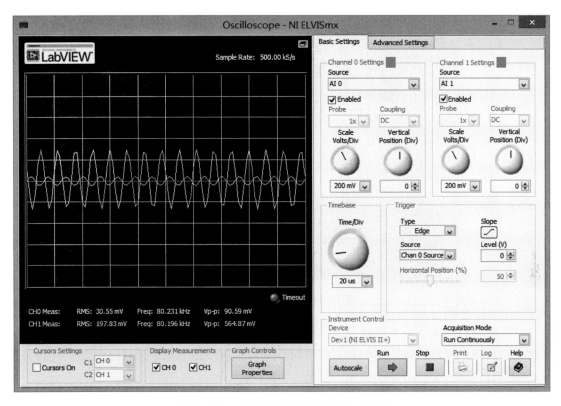

图 10 -54　通过细致的扫频得到截止频率

10.5　实验五　NI ELVIS II$^+$的编程

NI ELVIS II$^+$的 DMM SFP 可以测量电路的电流、电压等电物理量。实际应用中，一些电子元件的电流、电压等电物理量与环境温度、湿度、浓度等非电物理量有关，只需要使用 LabVIEW 软件编程，建立 VI，就可以由被测得的电物理量转化成所需要求的非电物理量并读出，从而实现物理量测量仪器的功能。

10.5.1　原理

假设一个电阻分压电路，其中一个电阻两端电压 $U[V]$ 与某个物理量 $t[K]$ 之间存在如下关系：

$$t[K] = 100U[V] - 273.15 \tag{10-8}$$

10.5.2　在 LabVIEW 中建造一个物理量测量电路

本实验过程需要创建一个能够将被测电阻两端电压转化为上述物理量的 VI。

实验步骤如下：

步骤 1：类似图 10-1（a）的实物图，在原型试验板上搭建一个分压器电路，如图 10-55 所示。

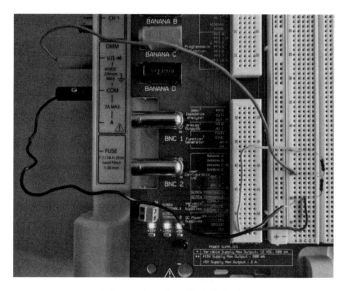

图 10 - 55　电阻分压器电路

步骤 2：启动 DMM SFP 并按下"运行"按钮，留意测量到的电压值，可手动乘以 100 再减去 273.15，转化为所求物理量，与后续程序执行结果进行比较。

步骤 3：启动 NI LabVIEW 软件，创建一个新 VI。

步骤 4：在程序框图的"函数"选板中"测量 I/O"分类下的"NI ELVISmx"子分类下选择 NI ELVISmx Digital Multimeter Express VI，其图标如图 10 - 56 所示，将其放置在程序框图上，将会弹出 SFP 窗口，如图 10 - 57 所示。

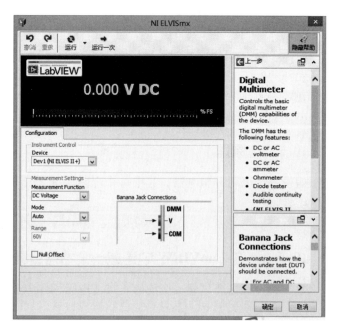

图 10 - 56　NI ELVISmx Digital
Multimeter Express VI 图标

图 10 - 57　DMM SFPPower 窗口

步骤 5：按下"停止"按钮停止 DMM 运行。

步骤 6：按下"确定"按钮，等待 VI 编译完成。

步骤 7：按图 10 - 58（b）所示建立程序框图，其前面板如图 10 - 58（a）所示。

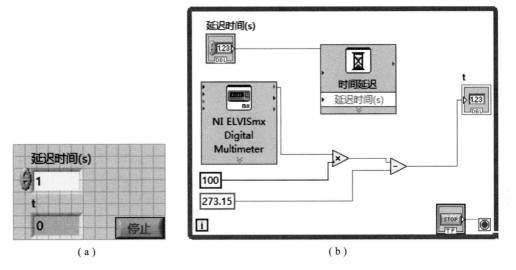

图 10 - 58　编程生成的物理量监测 VI 的前面板与程序框图

（a）前面板；（b）程序框图

步骤 8：激活该 VI 的前面板，运行 VI 观察输出显示。

步骤 9：停止运行并保存 VI。

步骤 10：实验结束后，依次关闭原型试验板开关和 NI ELVIS II⁺ 实验箱电源开关，停止实验。

第三篇　基于 NI ELVIS 平台的实验与实践

第 11 章

自动控制基础实验

11.1　典型环节的特性

11.1.1　典型基本环节

一般地，常把复杂的控制系统看成是由一个个小部分组成的。从动态方程、传递函数及运动特性上不能再分的环节称为基本环节。尽管控制系统有多种多样，但构成它的典型基本环节并不多，常见的有 8 种。

设基本环节的输入信号为 $r(t)$，输出信号为 $c(t)$，传递函数为 $G(s)$。

11.1.1.1　放大环节

放大环节的动态方程：

$$c(t) = Kr(t) \tag{11-1}$$

式中，K 为放大系数。

对式（11-1）进行拉普拉斯变换，可得放大环节的传递函数：

$$G(s) = \frac{C(s)}{R(s)} = K \tag{11-2}$$

式中，$C(s)$ 为输出信号 $c(t)$ 的拉氏变换；$R(s)$ 为输入信号的拉氏变换。

放大环节又称比例环节，其输出量与输入量成比例，传递函数为常数 K。

11.1.1.2　惯性环节

惯性环节的动态方程：

$$T\frac{dc(t)}{dt} + c(t) = r(t) \tag{11-3}$$

式中，T 为惯性环节的时间常数。

对式（11-3）进行拉式变换，可得惯性环节的传递函数：

$$G(s) = \frac{C(s)}{R(s)} = \frac{1}{Ts+1} \tag{11-4}$$

11.1.1.3　积分环节

积分环节的动态方程：

$$c(t) = \int r(t)\,dt \tag{11-5}$$

对式（11-5）进行拉式变换，可得积分环节的传递函数：

$$G(s) = \frac{C(s)}{R(s)} = \frac{1}{s} \tag{11-6}$$

11.1.1.4 振荡环节

振荡环节的动态方程：

$$T^2 \frac{d^2 c(t)}{dt^2} + 2\zeta T \frac{dc(t)}{dt} + c(t) = r(t) \quad (0 \leqslant \zeta < 1) \tag{11-7}$$

式中，T 为时间常数；ω_n 为无阻尼自振角频率；ζ 为阻尼比；$\omega_n = 1/T$。

对式（11-7）进行拉式变换，可得振荡环节的传递函数：

$$G(s) = \frac{C(s)}{R(s)} = \frac{1}{T^2 s^2 + 2\zeta T s + 1} = \frac{\omega_n^2}{s^2 + 2\zeta \omega_n s + \omega_n^2} \quad (0 \leqslant \zeta < 1) \tag{11-8}$$

当环节设计确定后，T、ω_n、ζ 均为常数。

11.1.1.5 纯微分环节

纯微分环节的动态方程：

$$c(t) = \frac{dr(t)}{dt} \tag{11-9}$$

对式（11-9）进行拉式变换，可得纯微分环节的传递函数：

$$G(s) = \frac{C(s)}{R(s)} = s \tag{11-10}$$

11.1.1.6 一阶微分环节

一阶微分环节的动态方程：

$$c(t) = \tau \frac{dr(t)}{dt} + r(t) \tag{11-11}$$

式中，τ 为一阶微分环节的时间常数。

对式（11-11）进行拉式变换，可得一阶微分环节的传递函数：

$$G(s) = \frac{C(s)}{R(s)} = \tau s + 1 \tag{11-12}$$

11.1.1.7 二阶微分环节

二阶微分环节的动态方程：

$$c(t) = \tau^2 \frac{d^2 r(t)}{dt^2} + 2\zeta \tau \frac{dr(t)}{dt} + r(t) \tag{11-13}$$

对式（11-13）进行拉式变换，可得二阶微分环节的传递函数：

$$G(s) = \frac{C(s)}{R(s)} = \tau^2 s^2 + 2\zeta \tau s + 1 \tag{11-14}$$

式中，τ 为二阶微分环节的时间常数。

当环节设计确定后，τ、ζ 均为常数。

11.1.1.8 延迟环节

延迟环节的动态方程：

$$c(t) = r(t - \tau) \tag{11-15}$$

式中，τ 为延迟环节的延迟时间。

对式（11-15）进行拉式变换，可得延迟环节的传递函数：

$$G(s) = \frac{C(s)}{R(s)} = e^{-\tau s} \qquad (11-16)$$

11.1.2　时域特性

时域特性是指系统在输入信号作用下，其输出信号随时间变化的特性。通过分析系统的时域特性，可对系统的动态性能和稳态性能进行评价，获得系统性能指标，进行系统设计。时域分析法也是系统分析的重要方法之一。

由于系统可看作是由不同环节构成的，因此了解掌握各环节的时域特性对分析和设计系统尤为重要。

11.1.2.1　典型输入信号

对控制系统性能进行分析和测评时，常用 6 种典型函数作为输入信号，它们是：阶跃函数、单位脉冲函数、单位冲击函数、斜坡函数、加速度函数、正弦函数。其波形如图 11-1 所示。

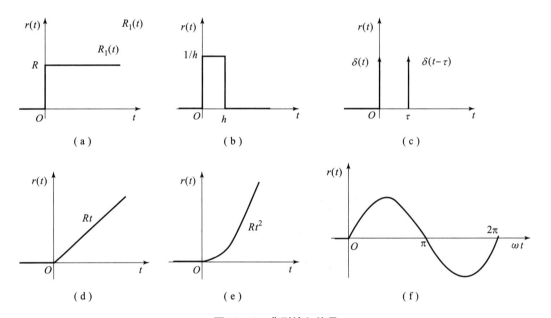

图 11-1　典型输入信号

（a）阶跃信号；（b）单位脉冲信号；（c）单位冲击信号；（d）斜坡信号；（e）加速度信号；（f）正弦信号

（1）阶跃函数。图 11-1（a）为阶跃函数的图形，其时域表达式为：

$$r(t) = \begin{cases} R & (t \geqslant 0) \\ 0 & (t < 0) \end{cases} \qquad (11-17)$$

式中，R 为常数。

当 $R = 1$ 时，称为单位阶跃函数，记为 $1(t)$，其拉氏变换为 $1/s$；当 $R \neq 1$ 时，记为 $R \cdot 1(t)$。

以阶跃函数作为输入信号时，系统的输出称为阶跃响应。常用阶跃函数作为输入信号，对系统的动态性能进行分析和评价。

（2）单位脉冲函数。图 11-1（b）为单位脉冲函数的图形，其时域表达式为：

$$\delta_h(t) = \begin{cases} 1/h & (0 \leqslant t \leqslant h) \\ 0 & (t < 0, t > h) \end{cases} \tag{11-18}$$

式中，h 为脉冲宽度；脉冲面积为 1。

当 h 很小、趋近于 0 时，有：

$$\delta(t) = \lim_{h \to 0} \delta_h(t) \tag{11-19}$$

此为单位冲激函数，又称 δ 函数，且有：

$$\int_{-\infty}^{\infty} \delta(t) = 1 \tag{11-20}$$

其拉氏变换为 1。

图 11-1（c）为单位冲击函数 $\delta(t)$ 及发生时间 τ 延迟的单位冲击函数 $\delta(t-\tau)$ 的图形。式（11-20）所示的冲激函数为理论模型，实际中，选用脉宽很小的单位脉冲函数近似。

（3）斜坡函数。图 11-1（d）为斜坡函数的图形，其时域表达式为：

$$r(t) = \begin{cases} Rt & (t \geqslant 0) \\ 0 & (t < 0) \end{cases} \tag{11-21}$$

式中，R 为常数，当 $R = 1$ 时，$r(t) = t$，称为单位斜坡函数，其拉氏变换为 $1/s^2$。

在系统分析时，常用斜坡函数描述匀速变化的信号。

（4）加速度函数。图 11-1（e）为加速度函数的图形，其时域表达式为：

$$r(t) = \begin{cases} Rt^2 & (t \geqslant 0) \\ 0 & (t < 0) \end{cases} \tag{11-22}$$

式中，R 为常数，当 $R = 1/2$ 时，$r(t) = t^2/2$，称为单位加速度函数，其拉氏变换为 $1/s^3$。

在系统分析时，常用加速度函数描述匀加速变化的信号。

（5）正弦函数。图 11-1（f）为加速度函数的图形，其时域表达式为：

$$r(t) = R\sin\omega t \tag{11-23}$$

式中，R 为振幅；ω 为角频率。

正弦函数是常用的典型输入信号，不仅用于系统的时域分析，也用于系统的频域分析。

11.1.2.2 时域动态性能指标

当系统的时间响应 $c(t)$ 中的瞬态分量较大不能忽略时，系统处于动态或过渡过程中，此时的系统的特性称为动态性能；而系统响应时间足够长，系统的响应输出在某一较小的范围内波动时反映出的性能为稳态性能。

一般地，动态性能指标根据系统的阶跃响应曲线来定义。对于稳定的系统，其单位阶跃响应函数有衰减振荡和单调变化两种，图 11-2 给出了这两种输出响应形式的曲线。

（1）衰减振荡型响应系统的动态性能指标。

①上升时间 t_r：阶跃响应曲线从 0 开始，第一次上升到稳态值所需的时间。

②峰值时间 t_p：阶跃响应曲线超过稳态值到达第一个峰值所需的时间。

③最大超调 σ_p：

$$\sigma_p = \frac{c(t_p) - c(\infty)}{c(\infty)} \times 100\% \tag{11-24}$$

式中，$c(t_p)$ 为阶跃响应的最大值；$c(\infty)$ 为 $t \to \infty$ 时的阶跃响应输出值，也称稳态值。

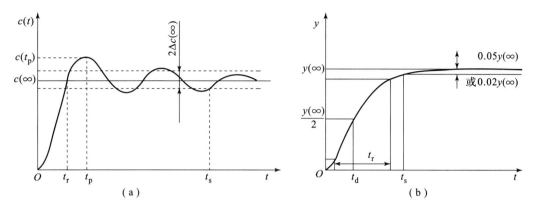

图 11 - 2　单位阶跃响应曲线

（a）衰减振荡型；（b）单调变化型

④过渡过程时间 t_s：阶跃响应曲线进入并保持在允许误差范围所对应的时间。又称调节时间。

误差范围为稳态值的 Δ 倍，Δ 为误差带，一般取作 5% 或 2%。

⑤振荡次数 N：在 $0 \leqslant t \leqslant t_s$ 内，阶跃响应曲线穿越稳态值 $c(\infty)$ 次数的一半。

根据上述动态性能指标的定义可知：t_p、t_r 反映系统的响应速度；σ_p、N 反映系统的运行平稳性或阻尼程度；t_s 能同时反映系统的响应速度和阻尼程度。

（2）单调变化型响应系统的动态性能指标。

此类系统只需用调节时间 t_s 表示快速性。

①上升时间：是指阶跃响应曲线从稳态值的 10% 上升到 90% 所需的时间。

②延迟时间 t_d：是指阶跃响应曲线第一次达到终值的 50% 所需的时间。

11. 1. 2. 3　时域响应

控制系统是由比例、积分、微分、惯性、振荡等典型基本环节按照一定的关系组成的，熟悉这些基本环节对阶跃输入的响应特性，可计算系统的动态性能指标，对理解和分析控制系统十分有益。

（1）比例环节。图 11 - 3 给出了比例环节的函数框图及模拟电路的示意图。由图 11 - 3 可知，比例环节的放大系数 $K = R_2/R_1$。

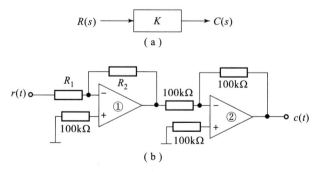

图 11 - 3　比例环节的函数框图及模拟电路示意图

（a）比例环节的函数框图；（b）比例环节的模拟电路组成

若 $K = 1$，可得图 11−4 所示的阶跃响应曲线。

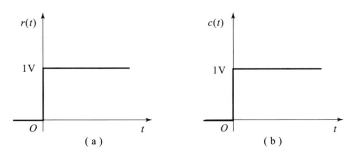

图 11−4　比例环节的阶跃响应曲线（$K = 1$）

（a）单位阶跃输入；（b）单位阶跃响应

（2）惯性环节。图 11−5 给出了惯性环节的函数框图及模拟电路的示意图。惯性环节的时间常数 $T = R_2 C$。

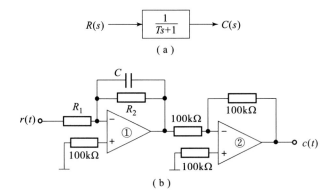

图 11−5　惯性环节的函数框图及模拟电路示意图

（a）惯性环节的函数框图；（b）惯性环节的模拟电路组成

若 $K = \dfrac{R_2}{R_1} = 1$，$c = 1\mu F$，可得如图 11−6 所示的惯性环节的阶跃响应曲线。

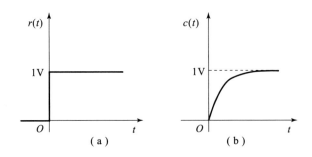

图 11−6　惯性环节的阶跃响应曲线

（a）单位阶跃输入；（b）单位阶跃响应

（3）积分环节。图 11−7 给出了积分环节的函数框图及模拟电路的示意图。积分环节的时间常数 $T = R_1 C$。

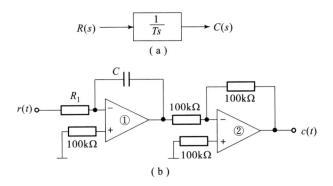

图 11 - 7　积分环节的函数框图及模拟电路示意图

（a）积分环节的函数框图；（b）积分环节的模拟电路组成

图 11 - 8 为积分环节的阶跃响应曲线。

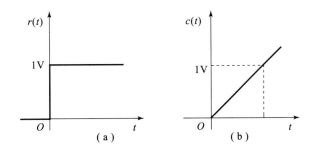

图 11 - 8　积分环节的阶跃响应曲线（$K = 1$，$c = 4.7 \mu F$）

（a）单位阶跃输入；（b）单位阶跃响应

（4）比例积分环节。图 11 - 9 给出了比例积分环节的函数框图及模拟电路的示意图。积分环节的时间常数 $T = R_1 C$。

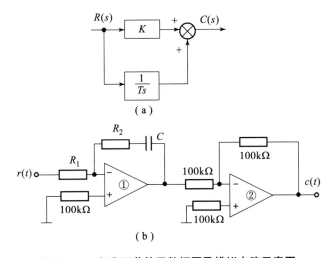

图 11 - 9　积分环节的函数框图及模拟电路示意图

（a）积分环节的函数框图；（b）积分环节的模拟电路组成

图 11 − 10 为积分环节的阶跃响应曲线。

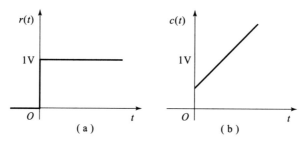

（ a ）　　　　　　　　　　（ b ）

图 11 − 10　积分环节的阶跃响应曲线（$K = R_2/R_1 = 1$，$c = 4.7\mu F$）
（a）单位阶跃输入；（b）单位阶跃响应

（5）微分环节。图 11 − 11 给出了微分环节的函数框图及模拟电路的示意图。积分环节的时间常数 $\tau = R_2 C_1$。

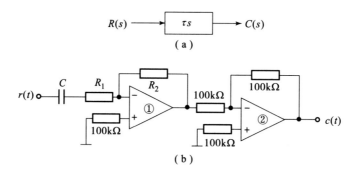

图 11 − 11　微分环节的函数框图及模拟电路示意图
（a）微分环节的函数框图；（b）微分环节的模拟电路组成

图 11 − 12 为微分环节的阶跃响应曲线。

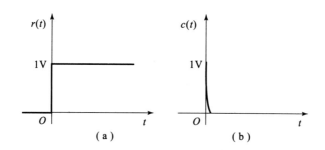

（ a ）　　　　　　　　　　（ b ）

图 11 − 12　微分环节的阶跃响应曲线（$K = R_2/R_1 = 2$，$c = 1\mu F$）
（a）单位阶跃输入；（b）单位阶跃响应

（6）振荡环节。式（11 − 8）为振荡环节的传递函数，其特征方程为：

$$s^2 + 2\zeta\omega_n s + \omega_n^2 = 0 \tag{11 − 25}$$

其特征根为：$s_{1,2} = -\zeta\omega_n \pm \omega_n \sqrt{\zeta^2 - 1}$，若 ω_n 一定、特征根将随阻尼比 ζ 的变化在 s 平面上的分布有所不同，如表 11 − 1 所示。图 11 − 13 给出了振荡环节的函数框图及模拟电路的示意图。

表 11 - 1　二阶系统特征根分布情况

阻尼比	特征根	特征根在 s 平面上的分布
$\zeta > 1$ 过阻尼	$s_{1,2} = -\zeta\omega_n \pm \omega_n \sqrt{\zeta^2 - 1}$ 互异的负实根	
$\zeta = 1$ 临界阻尼	$s_{1,2} = -\omega_n$ 负的实重根	
$\zeta = 0$ 无阻尼	$s_{1,2} = \pm j\omega_n$ 共轭的纯虚根	
$0 < \zeta < 1$ 欠阻尼	$s_{1,2} = -\zeta\omega_n \pm j\omega_n \sqrt{\zeta^2 - 1}$ 互异的共轭复根	

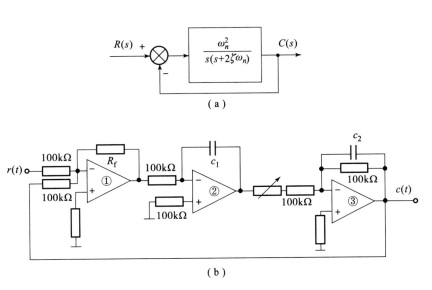

（a）

（b）

图 11 - 13　振荡环节的函数框图及模拟电路示意图

（a）振荡环节的函数框图；（b）振荡环节的模拟电路组成

图 11 - 14 为振荡环节的阶跃响应曲线。由图 11 - 14 可知，振荡环节的单位阶跃响应随阻尼比的不同而不同：当阻尼比大于 1 时，为单调上升型响应，响应输出逐渐逼近于 1；当阻尼比小于 1、大于 0 时，为振荡衰减型响应，响应输出的振荡幅值逐渐衰减逼近于 1；当阻尼比等于 0 时，为等幅振荡型响应，为临界稳定状态。

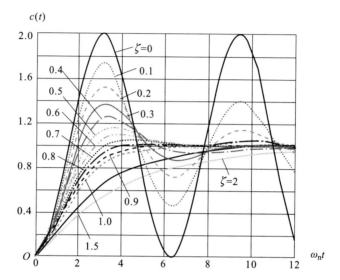

图 11 - 14 振荡环节的阶跃响应曲线（$R_f = 100K$，$c_1 = 1\mu F$，$c_2 = 1\mu F$）

11.1.3 频域特性

在频域分析法中，采用正弦信号作为输入来分析系统的响应，得到其频率特性。这种响应并不是只看某一个频率的正弦信号输入时的瞬态响应，而是考察频率由低到高的无数个正弦信号输入下，所对应的每个输出的稳态响应，因此，这种响应又称为频率响应。

11.1.3.1 频率特性的定义

对于线性定常系统而言，当输入正弦信号 $R\sin\omega t$ 时，将输出同频率的正弦信号 $C_s\sin(\omega t + \theta)$，随着输入信号频率的变化，输出信号的幅值和相位随之变化。因此，频率响应是指线性系统稳态正弦响应的振幅、相位随输入正弦信号的频率变化的规律。

线性系统在正弦输入信号作用下，系统输出的稳态分量与输入量的复数之比称为频率特性，可分为幅频特性和相频特性，分别如式（11 - 26）和式（11 - 27）所示。

频率特性：

$$G(j\omega) = |G(j\omega)| \angle G(j\omega) = G(s) \tag{11 - 26}$$

幅相特性：

$$\begin{cases} |G(j\omega)| = \dfrac{|c_s(t)|}{|r(t)|} = \dfrac{C_s}{R} & \text{幅频特性} \\ \angle G(j\omega) = \angle c_s(t) - \angle r(t) & \text{相频特性} \end{cases} \tag{11 - 27}$$

频率特性还可表示成指数式、三角式及实部与虚部相加的代数式，如（11 - 28）式所示。

$$\begin{aligned} G(j\omega) &= |G(j\omega)| e^{j\theta(\omega)} \\ &= |G(j\omega)|(\cos\theta + j\sin\theta) \end{aligned}$$

$$= U(\omega) + jV(\omega) \tag{11-28}$$

式中，$U(\omega)$ 和 $V(\omega)$ 分别为系统的实频特性和虚频特性。

相位角为：

$$\theta(\omega) = \angle G(j\omega) = \begin{cases} \arctan\dfrac{V(\omega)}{U(\omega)} & U(\omega) > 0 \\[3mm] \pm\pi + \arctan\dfrac{V(\omega)}{U(\omega)} & U(\omega) < 0 \end{cases} \tag{11-29}$$

基本环节的相角一般取 $-180° < \theta(\omega) \leqslant 180°$ 的范围。

用频率特性分析系统性能的优点在于：可通过实验获得系统的频率特性，并可用图形表示，这种频域分析法在控制系统的分析和设计中起到了非常重要的作用。

11. 1. 3. 2　频率特性的图形表示法

频率特性 $G(j\omega)$ 是复数，为方便系统分析和设计，常用图形表示 $G(j\omega)$ 的幅值和相角与频率的关系。常用的频率特性图形表示法有极坐标图（幅相特性图、Nyquist 图）和对数频率特性图（Bode 图）。

（1）极坐标图。

频率特性的极坐标图表示的是在 ω 从 $0 \to +\infty$ 的过程中，$G(j\omega)$ 作为一个向量，其端点在复平面上走出的轨迹。

这种图示法的优点是可在同一张图中表示幅频特性和相频特性；缺点是绘制几个串联环节的极坐标图时，需按复数相乘等于辐角相加幅值相乘的原则，计算得到总的相角和幅值，再绘制极坐标图，而不能直接简单地叠加。

由于控制系统是由各基本环节按照一定的关系构成的，因此，若想绘制系统的极坐标图，必须掌握极坐标图的各基本环节。

①比例环节。

比例环节的频率特性：

$$G(j\omega) = K \Rightarrow \begin{cases} |G(j\omega)| = K & \text{幅频特性} \\ \angle G(j\omega) = 0° & \text{相频特性} \end{cases} \tag{11-30}$$

根据频率特性可绘制出比例环节的极坐标图，如图 11-15 所示。

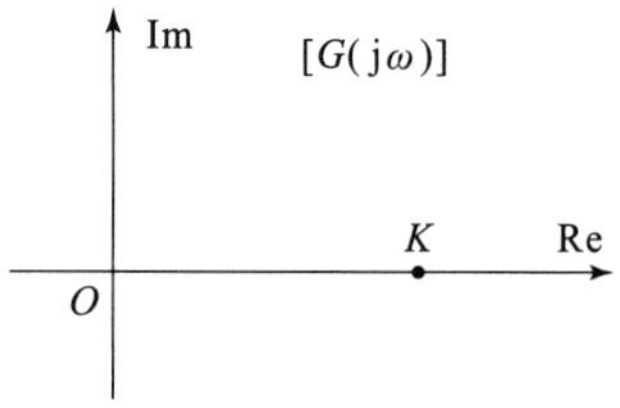

②惯性环节。

惯性环节的频率特性：

图 11-15　比例环节的极坐标图

$$G(j\omega) = \frac{1}{j\omega T + 1} \tag{11-31}$$

$$\begin{cases} |G(j\omega)| = \dfrac{1}{\sqrt{T^2\omega^2 + 1}} & \text{幅频特性} \\[3mm] \angle G(j\omega) = -\arctan T\omega & \text{相频特性} \end{cases} \tag{11-32}$$

$$\begin{cases} U(\omega) = \dfrac{1}{T^2\omega^2 + 1} & \text{实频特性} \\[3mm] V(\omega) = \dfrac{T\omega}{T^2\omega^2 + 1} & \text{虚频特性} \end{cases} \tag{11-33}$$

根据频率特性找出三个如表 11-2 所示的特殊点，即可绘制出惯性环节的极坐标简图，如图 11-16 所示。

表 11-2　惯性环节频率特性的特殊点

ω	$\lvert G(j\omega)\rvert$	$\angle G(j\omega)$	$U(\omega)$	$V(\omega)$
0	1	0°	1	0
$1/T$	$1/\sqrt{2}$	$-45°$	$1/2$	$1/2$
∞	0	$-90°$	0	0

③积分环节。

积分环节的频率特性：

$$G(j\omega) = \frac{1}{j\omega} = \frac{1}{\omega} e^{-j\frac{\pi}{2}} \tag{11-34}$$

$$\begin{cases} \lvert G(j\omega)\rvert = 1/\omega & \text{幅频特性} \\ \angle G(j\omega) = -\pi/2 & \text{相频特性} \end{cases} \tag{11-35}$$

根据频率特性可绘制出积分环节的极坐标图，如图 11-17 所示。

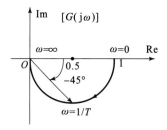

图 11-16　惯性环节的极坐标图

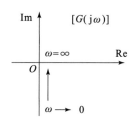

图 11-17　积分环节的极坐标图

④纯微分环节。

a. 纯微分环节的频率特性：

$$G(j\omega) = j\omega = \omega e^{j\frac{\pi}{2}} \tag{11-36}$$

$$\begin{cases} \lvert G(j\omega)\rvert = \omega & \text{幅频特性} \\ \angle G(j\omega) = \pi/2 & \text{相频特性} \end{cases} \tag{11-37}$$

根据频率特性可绘制纯微分环节的极坐标图，如图 11-18 所示。

b. 一阶微分环节的频率特性：

$$G(j\omega) = 1 + j\tau\omega = \sqrt{1 + \tau^2\omega^2}\, e^{j\arctan\tau\omega} \tag{11-38}$$

$$\begin{cases} \lvert G(j\omega)\rvert = \sqrt{1 + \tau^2\omega^2} & \text{幅频特性} \\ \angle G(j\omega) = \arctan\tau\omega & \text{相频特性} \end{cases} \tag{11-39}$$

根据频率特性可绘制纯微分环节的极坐标图，如图 11-19 所示。

⑤振荡环节。

振荡环节的频率特性：

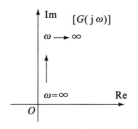
图 11-18 纯微分环节的极坐标图

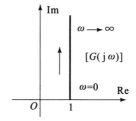
图 11-19 一阶微分环节的极坐标图

$$G(j\omega) = \frac{1}{(1 - T^2\omega^2) + j2\zeta\omega T} \quad\quad (11-40)$$

$$|G(j\omega)| = \frac{1}{\sqrt{(1 - T^2\omega^2)^2 + (2\zeta\omega T)^2}} \text{幅频特性：} \quad\quad (11-41)$$

相频特性：

$$\angle G(j\omega) = \begin{cases} -\arctan\dfrac{2\zeta\omega T}{1 - T^2\omega^2} & \omega \leqslant \dfrac{1}{T} \\[3mm] -180° - \arctan\dfrac{2\zeta\omega T}{1 - T^2\omega^2} & \omega > \dfrac{1}{T} \end{cases} \quad\quad (11-42)$$

根据频率特性找出三个如表 11-3 所示的特殊点，即可绘制出振荡环节的极坐标简图，如图 11-20 所示。由图 11-20 可知，振荡环节的极坐标图的形状与阻尼比有关。

表 11-3 振荡环节频率特性的特殊点

ω	$\|G(j\omega)\|$	$\angle G(j\omega)$	$U(\omega)$	$V(\omega)$
0	1	0°	1	0
$1/T$	$1/2\zeta$	-45°	0	$-\zeta/2$
∞	0	-90°	0	0

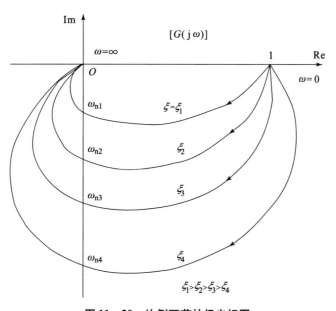

图 11-20 比例环节的极坐标图

⑥延迟环节。

延迟环节的频率特性:

$$G(j\omega) = e^{-j\tau\omega} \qquad (11-43)$$

$$\begin{cases} |G(j\omega)| = 1 & \text{幅频特性} \\ \angle G(j\omega) = -\omega\tau & \text{相频特性} \end{cases} \qquad (11-44)$$

根据频率特性可绘制延迟环节的极坐标图,如图 11 – 21 所示。

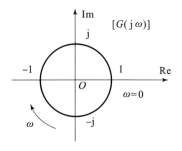

图 11 – 21 延迟环节的极坐标图

(2) Bode 图。

Bode 图的横坐标以频率 ω 的对数值进行分度,但为便于观察仍标以 ω 的值。因此,ω 每变化 10 倍,横坐标就变化一个单位长度。用 Bode 图表示的幅频特性以 $20\lg|G(j\omega)|$ 为纵坐标,相频特性以度为单位进行线性分度。

Bode 图的优势在于:

——可以展宽频带,清楚地表示出低频、中频和高频段的幅频和相频特性。

——所有典型环节的频率特性均可用分段直线(或渐近线)近似表示。

——可将乘法运算转化为加法运算,方便系统 Bode 图的绘制。

①比例环节。

比例环节的对数频率特性:

$$G(j\omega) = K \Rightarrow \begin{cases} 20|G(j\omega)| = 20\lg K & \text{对数幅频特性} \\ \angle G(j\omega) = 0° & \text{对数相频特性} \end{cases} \qquad (11-45)$$

根据式(11 –45)绘制比例环节的 Bode 图,如图 11 –22 所示。

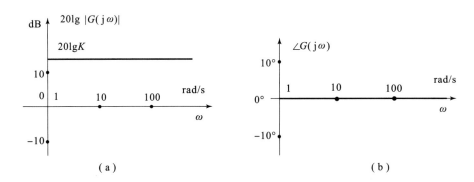

(a)   (b)

图 11 – 22 比例环节的 Bode 图

(a) 对数幅频特性;(b) 对数相频特性

②积分环节。

积分环节的对数频率特性:

$$G(j\omega) = \frac{1}{\omega}e^{-j\frac{\pi}{2}} \Rightarrow \begin{cases} 20\lg|G(j\omega)| = -20\lg\omega & \text{对数幅频特性} \\ \angle G(j\omega) = -90° & \text{对数相频特性} \end{cases} \qquad (11-46)$$

根据式(11 –46)绘制积分环节的 Bode 图,如图 11 –23 所示。

③惯性环节。

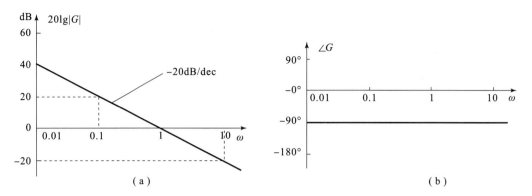

图 11-23　积分环节的 Bode 图

（a）对数幅频特性；（b）对数相频特性

惯性环节的对数频率特性：

$$G(j\omega) = \frac{1}{j\omega T + 1} \Rightarrow \begin{cases} 20\lg|G(j\omega)| = -20\lg\sqrt{1 + T^2\omega^2} & \text{对数幅频特性} \\ \angle G(j\omega) = -\arctan T\omega & \text{对数相频特性} \end{cases} \quad (11-47)$$

惯性环节的 Bode 图如图 11-24 所示。

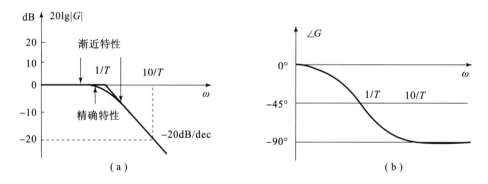

图 11-24　惯性环节的 Bode 图

（a）对数幅频特性；（b）对数相频特性

④微分环节。

a. 纯微分环节。纯微分环节的对数频率特性：

$$G(j\omega) = \omega e^{j\frac{\pi}{2}} \Rightarrow \begin{cases} 20\lg|G(j\omega)| = 20\lg\omega & \text{对数幅频特性} \\ \angle G(j\omega) = \pi/2 & \text{对数相频特性} \end{cases} \quad (11-48)$$

纯微分环节的 Bode 图如图 11-25 所示。

b. 一阶微分环节。一阶微分环节的对数频率特性：

$$G(j\omega) = \sqrt{1 + \tau^2\omega^2}\, e^{j\arctan\tau\omega} \Rightarrow \begin{cases} 20\lg|G(j\omega)| = 20\lg\sqrt{1 + \tau^2\omega^2} & \text{对数幅频特性} \\ \angle G(j\omega) = \arctan\tau\omega & \text{对数相频特性} \end{cases}$$

$$(11-49)$$

一阶微分环节的 Bode 图如图 11-26 所示。

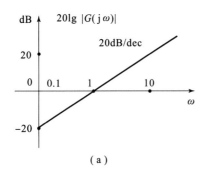

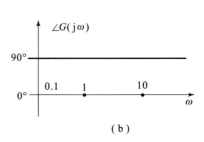

（a）

（b）

图 11 - 25　纯微分环节的 Bode 图

（a）对数幅频特性；（b）对数相频特性

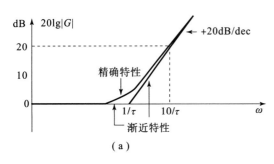

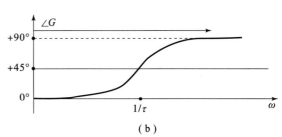

（a）

（b）

图 11 - 26　一阶微分环节的 Bode 图

（a）对数幅频特性；（b）对数相频特性

c. 二阶微分环节。二阶微分环节的频率特性：

$$G(j\omega) = 1 - \tau^2\omega^2 + j2\zeta\omega\tau \tag{11-50}$$

对数幅频特性：

$$20\lg|G(j\omega)| = 20\lg\sqrt{(1-\tau^2\omega^2)^2 + (2\zeta\omega\tau)^2} \tag{11-51}$$

$$\angle G(j\omega) = \begin{cases} \arctan\dfrac{2\zeta\omega\tau}{1-\tau^2\omega^2} & \omega \leqslant 1/\tau \\[3mm] 180° + \arctan\dfrac{2\zeta\omega\tau}{1-\tau^2\omega^2} & > 1/\tau \end{cases} \quad \text{对数相频特性：} \tag{11-52}$$

二阶微分环节的 Bode 图如图 11 -27 所示。

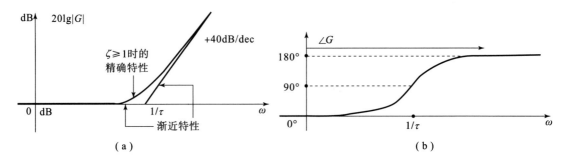

（a）

（b）

图 11 - 27　二阶微分环节的 Bode 图

（a）对数幅频特性；（b）对数相频特性

⑤振荡环节

$$20\lg|G(j\omega)| = -20\lg\sqrt{(1-T^2\omega^2)^2+(2\zeta\omega T)^2} \quad \text{对数幅频特性：} \quad (11-53)$$

$$\angle G(j\omega) = \begin{cases} -\arctan\dfrac{2\zeta\omega T}{1-T^2\omega^2} & \omega \leqslant 1/T \\[3mm] -180° - \arctan\dfrac{2\zeta\omega T}{1-T^2\omega^2} & > 1/T \end{cases} \quad \text{对数相频特性：} \quad (11-54)$$

振荡环节的 Bode 图如图 11 – 28 所示。由图 11 – 28 可知，振荡环节的对数频率特性与阻尼比有关。

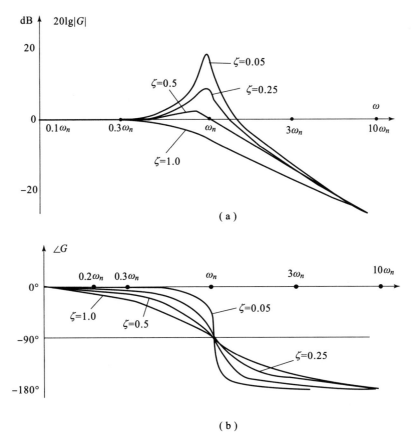

图 11 – 28　振荡环节的 Bode 图

（a）对数幅频特性；（b）对数相频特性

⑥延迟环节。

延迟环节的对数频率特性：

$$G(j\omega) = e^{-j\tau\omega} \Rightarrow \begin{cases} 20\lg|G(j\omega)| = 0 & \text{对数幅频特性} \\[2mm] \angle G(j\omega) = -\omega\tau & \text{对数相频特性} \end{cases} \quad (11-55)$$

延迟环节的 Bode 图如图 11 – 29 所示。

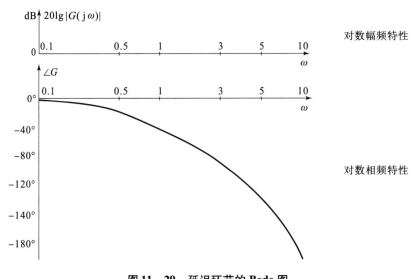

图 11 − 29　延迟环节的 Bode 图

11. 1. 4　实验六　典型环节的时域特性

11. 1. 4. 1　实验目的

（1）熟悉各种典型环节的传递函数及其特性，借助 NI ELVIS 平台掌握典型环节的电路模拟研究方法。

（2）测量各种典型环节的阶跃响应曲线，了解参数变化对其动态性能的影响。

11. 1. 4. 2　实验原理

一个自动控制系统可看作是由各种典型环节按照一定的关系连接而成的，并且在研究系统的动态性能时，常用阶跃信号作为系统的输入。因此，熟悉这些典型环节对阶跃输入的响应特性对分析系统是十分有益的。

在自动控制理论实验中，常用运算放大器配合不同的输入阻抗网络和反馈阻抗网络来模拟控制系统的各种典型基本环节。

11. 1. 4. 3　实验内容

（1）利用 NI ELVIS 搭建如表 11 − 4 所示的各典型基本环节。

（2）研究各基本环节的阶跃响应特性，采集其输出响应曲线，分析阶跃响应与环节参数的关系。

（3）根据阶跃响应曲线，计算各环节的动态性能指标。

表 11 - 4　典型基本环节电路图

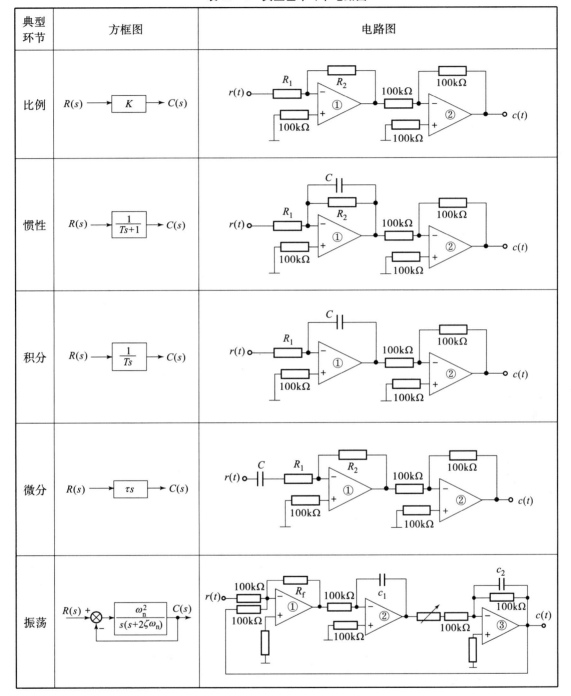

典型环节	方框图	电路图
比例		
惯性		
积分		
微分		
振荡		

11.1.5　实验七　典型基本环节的频域特性

11.1.5.1　实验目的

（1）了解典型环节的频率特性曲线的测试方法，理解频率特性的物理意义。

（2）学习掌握根据实验获得的频率特性曲线求取典型环节传递函数的方法。

11.1.5.2 实验原理

当正弦信号作用于稳定的线性系统时，系统输出的稳态分量依然为同频率的正弦信号，但信号的幅值和相位与输入信号不同，且随输入信号频率的变化而变化，这种过程称为系统的频率响应。

将一组频率不同的正弦信号作为输入信号，记录得到的输出响应。根据实验结果可绘制出系统的对数频率特性曲线，再对曲线进行折线的线性逼近，即可得到用渐近线表示的 Bode 图，从而得到实验系统的频率特性和传递函数表达式。

11.1.5.3 实验内容

（1）利用 NI ELVIS 搭建图 11-30 和图 11-31 给出的惯性环节及由两个惯性环节组成的二阶系统，并根据图示写出二者的传递函数。

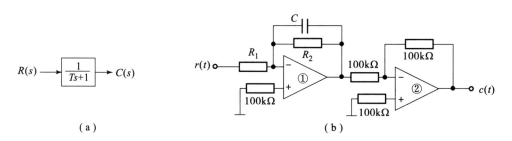

图 11-30 惯性环节

（a）惯性环节框图；（b）惯性环节模拟电路图

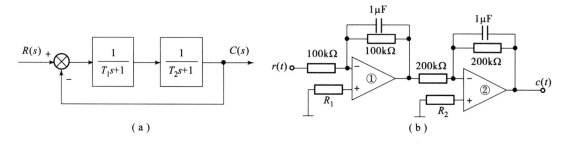

图 11-31 两惯性环节组成的二阶系统

（a）函数框图；（b）模拟电路图

（2）实验测得二者的幅频和相频特性曲线。

（3）根据实验测得的数据确定二者的传递函数。

（4）分析实验数据，分析理论值和实测值之间的误差，并说明原因。

11.2 线性系统的稳定性

11.2.1 线性系统的稳定性

稳定是对控制系统最基本的要求。与其他系统类似，自动控制系统中也存在平衡位置，平衡位置的稳定性取决于输入信号为零时的系统在非零初始条件作用下能否自行回到原平衡位置。

设线性系统有一个平衡点，并取平衡点时系统的输出信号为零。当系统所有的输入信号为零时，在非零初始条件作用下。如果系统的输出信号在有限长的时间内能够自行回到原平衡点，则称系统是稳定的，否则，称系统是不稳定的。线性控制系统的稳定性只与系统本身的结构和参数有关。

在经典控制理论中，判断系统是否稳定一般采用三种方法：复数域的根轨迹判别法和劳斯稳定判据，以及频率域的奈奎斯特稳定判据。在本节的实验中，只针对后两个判别法展开。

11. 2. 1. 1　劳斯稳定判据

采用劳斯稳定判据判断系统是否稳定，可规避求解高阶方程的问题，只需根据系统特征方程各项前的系数、并进行简单运算，即可确定方程是否有正实部的特征根，从而判断系统是否稳定。

在使用劳斯稳定判据时，首先要正确写出控制系统的特征方程：

$$D(s) = a_0 s^n + a_1 s^{n-1} + a_2 s^{n-2} + \cdots + a_{n-1}s + a_n = 0 \tag{11-56}$$

首先，劳斯稳定判据给出控制系统稳定的必要条件：特征方程各项前的系数 $a_i(i = 0, 1, 2, \cdots, n)$ 均为正值或同符号，且特征方程式不缺项。

其次，劳斯稳定判据要求依据式（11-56）等号左侧的多项式的系数构造下面形式的劳斯表。

$$
\begin{array}{ccccc}
s^n & a_0 & a_2 & a_4 & a_6 & \cdots \\
s^{n-2} & b_1 & b_2 & b_3 & b_4 & \cdots \\
s^{n-3} & c_1 & c_2 & c_3 & c_4 & \cdots \\
s^{n-4} & d_1 & d_2 & d_3 & d_4 & \cdots \\
\cdots & \cdots & \cdots \\
s^2 & e^1 & e^2 \\
s^1 & f_1 \\
s^0 & g_1
\end{array}
\tag{11-57}
$$

式中，劳斯表中的各元素按以下公式计算：

$$b_1 = \frac{a_1 a_2 - a_0 a_3}{a_1}, b_2 = \frac{a_1 a_4 - a_0 a_5}{a_1}, b_3 = \frac{a_1 a_6 - a_0 a_7}{a_1}, \cdots$$

$$c_1 = \frac{b_1 a_3 - a_1 b_2}{b_1}, c_2 = \frac{b_1 a_5 - a_1 b_3}{b_1}, c_3 = \frac{b_1 a_7 - a_1 b_4}{b_1}, \cdots \tag{11-58}$$

$$d_1 = \frac{c_1 b_2 - b_1 c_2}{c_1}, d_2 = \frac{c_1 b_3 - b_1 c_3}{c_1}, \cdots$$

依据式（11-57）依次计算到第 $n+1$ 行为止，且第 $n+1$ 行仅第一列有值，正好是特征方程最后一项系数 a_n。

劳斯稳定判据的结论是，由特征方程（11-56）所表示的系统稳定的充分必要条件是：劳斯表第一列各项元素均为正数，并且方程中实部为正数的根的个数，等于劳斯表中第一列的元素符号改变的次数。

虽然劳斯稳定判据不用求解高阶特征方程即可对系统稳定与否作出判断，但当系统不稳定时，如何改变系统结构和参数使之变为稳定的系统，该判据难以直接给出修改依据。

11. 2. 1. 2 Nyquist 稳定判据

采用劳斯稳定判据分析闭环系统的稳定性有两个不足：

（1）必须知道闭环系统的特征方程，但有些实际系统的特征方程是列写不出来的。

（2）它不能指出系统的稳定程度。

可规避求解高阶方程的问题，只需根据系统特征方程各项前的系数并进行简单运算，即可确定方程是否有正实部的特征根，从而判断系统是否稳定。

Nyquist 稳定判据的特点是：

（1）利用系统的开环频率特性判断闭环系统的稳定性，开环频率特性图容易画，若不知道传递函数，还可由实验测得开环频率特性。

（2）可指出系统的稳定程度，揭示改善系统稳定性的方法。

Nyquist 稳定判据：闭环系统稳定的充要条件是，当 ω 由 $0 \to 0^+ \to \infty$ 时，开环极坐标图（Nyquist 图）按逆时针方向包围（$-1, j0$）点 $P/2$ 周，P 是开环传递函数正实部极点的个数。

由于频率特性图的极坐标图较难画，所以希望利用开环 Bode 图判断闭环系统的稳定性。

根据 Bode 图分析闭环系统稳定性的 Nyquist 稳定判据：闭环系统稳定的充要条件是，在开环幅频特性大于 $0dB$ 的所有频段内，相频特性曲线对 $-180°$ 线的正、负穿越次数之差等于 $P/2$，P 为开环传递函数正实部极点个数。

11. 2. 1. 3 控制系统的相对稳定性

为使系统能始终正常工作，不仅要求系统稳定，还要求系统具有足够的稳定程度或稳定裕度。稳定裕度的大小与系统的动态性能有密切关系，称系统的稳定裕度为相对稳定性。一般采用相位裕度和幅值裕度来定量表示相对稳定性，它们实际上是表示开环 Nyquist 图离点（$-1, j0$）的远近程度，开环极坐标图离该点越远、稳定裕度越大，它们也是系统的动态性能指标。

（1）相位裕度。

①相位裕度：开环频率特性 $G(j\omega)H(j\omega)$ 在幅值穿越频率 ω_c 处所对应的相角与 $-180°$ 之差，记为 γ，按下式计算：

$$\gamma = \angle G(j\omega_c)H(j\omega_c) - (-180°) = 180° + \angle G(j\omega_c)H(j\omega_c) \qquad (11-59)$$

式中，ω_c 为幅值穿越频率。

②幅值穿越频率：又称剪切频率，是指开环频率特性幅值为 1 时所对应的角频率。在极坐标平面上，开环 Nyquist 图穿越单位圆的点所对应的角频率，如图 11 - 32 （a）和图 11 - 32 （b）所示。在 Bode 图上，开环幅频特性穿越 0dB 线的点所对应的角频率即是幅值穿越频率，如图 11 - 33 （a）和图 11 - 33 （b）所示。

相位裕度的几何意义是：在极坐标图上，负实轴绕原点转到 $G(j\omega_c)H(j\omega_c)$ 时所转过的角度，逆时针转向为正角，顺时针转向为负角。开环 Nyquist 图正好通过点（$-1, j0$）时，称闭环系统是临界稳定的。由图 11 - 32 和 11 - 33 可知，对于开环稳定的系统，欲使闭环稳定，其相位裕度必须为正。通常要求相位裕度大于 40°，但过高的相位裕度不易实现。

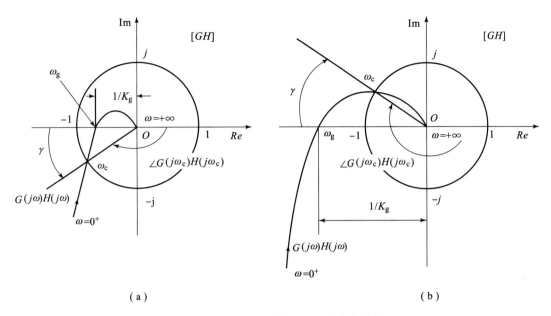

图 11－32　极坐标图中的相位裕度与幅值裕度

（a）正相位裕度，正幅值裕度；（b）负相位裕度，负幅值裕度

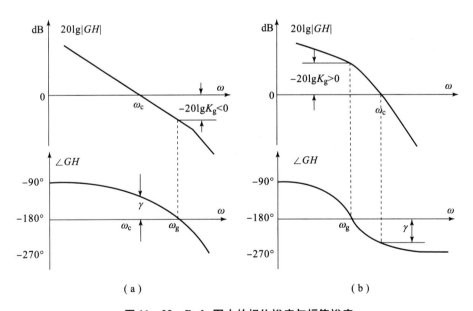

图 11－33　Bode 图中的相位裕度与幅值裕度

（a）正相位裕度，正幅值裕度；（b）负相位裕度，负幅值裕度

（2）幅值裕度。

　　称开环频率特性的相位等于 －180° 时所对应的角频率为相位穿越频率，用 ω_g 表示，则有 $\angle G(j\omega_g)H(j\omega_g) = -180°$。

　　幅值裕度在 $\omega = \omega_g$ 时，开环幅频特性幅值的倒数，记为 K_g，即：

$$K_g = \frac{1}{|G(j\omega_g)H(j\omega_g)|} \tag{11-59}$$

幅值裕度在 Nyquist 和 Bode 图上的表示分别如图 11-32 和图 11-33 所示。幅值裕度表示开环 Nyquist 图在负实轴上离点 $(-1, j0)$ 的远近程度。对于开环稳定的系统，欲使闭环稳定，其幅值裕度应为正值。一个良好的系统，一般要求 $K_g = 2 \sim 3.16$。

11.2.2 线性系统的稳态误差

当系统的时间响应中的瞬态分量可忽略不计时，系统处于稳态。稳态误差是系统的稳态性能指标，一般是指系统在稳态时的误差，是对系统控制精度的度量。对稳定的系统研究稳态误差才有意义，即计算稳态误差以系统稳定为前提。

11.2.2.1 稳态误差的基本概念

控制系统的典型框图如图 11-34 所示。图 11-34 中 $G_1(s)$ 表示放大元件、补偿元件的传递函数，$G_2(s)$ 表示功率放大元件、执行元件和控制对象的传递函数，$F(s)$ 表示扰动信号，$R(s)$ 表示参考输入信号，$C(s)$ 表示输出信号。

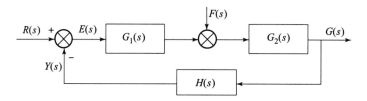

图 11-34 控制系统典型框图

(1) 误差。被控量的希望值 $c_r(t)$ 与实际值 $c(t)$ 之差为控制系统的误差，记为 $e_1(t)$，即：

$$e_1(t) = c_r(t) - c(t) \tag{11-60}$$

(2) 稳态误差定义。误差信号的稳态分量定义为控制系统的稳态误差 $e_{1ss}(t)$。

(3) 误差与偏差的关系。由图 11-34 可知：

$$E_1(s) = E(s)/H(s) \Rightarrow e_1(t) = e(t)/H(s) \tag{11-61}$$

11.2.2.2 系统稳态误差的计算

(1) 终值定理法。

利用该方法求稳态误差的步骤：

步骤 1：判断系统的稳定性。

步骤 2：求误差传递函数。偏差信号对参考输入的闭环传递函数及偏差信号对扰动输入的闭环传递函数。

步骤 3：利用终值定理求稳态误差。

①参考输入 $R(s)$ 作用下的闭环传递函数。

令 $F(s) = 0$，可得：

$$\Phi_r(s) = \frac{C(s)}{R(s)} = \frac{G_1(s)G_2(s)}{1 + G_1(s)G_2(s)H(s)} \tag{11-62}$$

②扰动输入 $F(s)$ 作用下的闭环传递函数。

令 $R(s) = 0$ ，可得：

$$\Phi_f(s) = \frac{C_F(s)}{F(s)} = \frac{G_2(s)}{1 + G_1(s)G_2(s)H(s)} \quad (11-63)$$

③系统总输出。

$$\begin{aligned} C(s) &= \Phi_r(s)R(s) + \Phi_f(s)F(s) \\ &= \frac{G_1(s)G_2(s)}{1 + G_1(s)G_2(s)H(s)}R(s) + \frac{G_2(s)}{1 + G_1(s)G_2(s)H(s)}F(s) \end{aligned} \quad (11-64)$$

④系统总稳态误差。为输入信号和扰动信号引起的稳态误差的代数和：

$$\begin{aligned} E_1(s) &= E_r(s) + E_f(s) \\ &= \frac{1}{1 + G_1(s)G_2(s)H(s)}R(s) + \frac{-G_2(s)H(s)}{1 + G_1(s)G_2(s)H(s)}F(s) \end{aligned} \quad (11-65)$$

根据终值定理，可求得稳态误差的终值：

$$e_{1ss}(\infty) = \lim_{t \to \infty} e_{1ss}(t) = \lim_{s \to 0} sE_1(s) \quad (11-66)$$

（2）静态误差系数法。

由上述分析可知，系统的稳态误差取决于系统结构参数和输入信号。

图 11-35 为控制系统框图，其开环传递函数的一般形式可写作：

$$G(s) = \frac{K\prod_{i=1}^{m}(\tau_i s + 1)}{s^v \prod_{j=1}^{n-v}(T_j s + 1)} = \frac{KN(s)}{s^v D(s)} = \frac{K}{s^v}G_0(s) \quad (11-67)$$

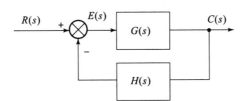

图 11-35　控制系统框图

式中，K 为开环增益；v 为开环传递函数中所含积分环节的个数，称为系统的型别。

系统偏差信号 $E(s)$ 对输入信号 $R(s)$ 的闭环传递函数为：

$$\Phi_e(s) = \frac{E(s)}{R(s)} = \frac{s^v D(s)}{s^v D(s) + KN(s)} \quad (11-68)$$

则稳态误差可写为：

$$e_{1ssr} = \lim_{s \to 0} s\Phi_e(s)R(s) = \lim_{s \to 0} s \cdot R(s) \cdot \frac{1}{1 + \dfrac{K}{s^v}G_0(s)} \quad (11-69)$$

因此，也可以说系统的稳态误差与其型别、开环放大系数、输入信号有关。

稳态位置误差系数：

$$K_p = \lim_{s \to 0} G(s)H(s) = \lim_{s \to 0} \frac{K}{s^v} \quad (11-70)$$

稳态速度误差系数：

$$K_v = \lim_{s \to 0} sG(s)H(s) = \lim_{s \to 0} \frac{K}{s^{v-1}} \quad (11-71)$$

稳态加速度误差系数：

$$K_a = \lim_{s \to 0} s^2 G(s)H(s) = \lim_{s \to 0} \frac{K}{s^{v-2}} \quad (11-72)$$

反馈控制系统的型别、静态误差系数、输入信号形式和稳态偏差之间的关系如表 11 – 5 所示。表 11 – 5 中的 A 为输入信号的幅值。

表 11 – 5　输入信号作用下的稳态偏差

型别 v	稳态误差系数			稳态偏差计算		
	K_p	K_v	K_a	$r(t) = A \cdot 1(t)$	$r(t) = A \cdot t$	$r(t) = A \cdot t^2/2$
				$e_{ss} = A/(1 + K_p)$	$e_{ss} = A/K_v$	$e_{ss} = A/K_a$
0	K	0	0	$A/(1 + K)$	∞	0
I	∞	K	0	0	A/K	0
II	∞	∞	K	0	0	A/K

对于一个稳定的系统，可先确定其型别及开环放大系数，然后根据输入信号的类型和幅值，依据表 11 – 5 计算其稳态偏差；再依据式（11 – 61）求得系统的稳态误差。

11.2.3　实验八　线性系统的稳定性分析

11.2.3.1　实验目的

（1）观察系统的不稳定现象。

（2）系统稳定性的评价。

（3）研究系统参数的变化对系统动态性能及稳定性的影响。

11.2.3.2　实验原理

选用三阶线性系统为分析对象，其开环传递函数由两个惯性环节和一个积分环节串联组成。改变系统的开环增益 K 和惯性环节的时间常数 T，将导致系统动态性能的变化。

选用二阶系统，根据其频率特性利用 Nyquist 稳定判据判断系统的稳定性，确定系统的稳定裕度。

11.2.3.3　实验内容

（1）利用 NI ELVIS 搭建图 11 – 36 和图 11 – 37 给出的典型三阶和二阶系统，并根据图示写出二者的传递函数；

（2）利用劳斯稳定判据对图 11 – 36 所示系统的稳定性进行判断，改变系统的开环增益 K 和惯性环节的时间常数 T 观察、分析系统稳定性的变化。

（3）分析图 11 – 37 所示系统的稳定，计算其稳定裕度。

（4）给图 11 – 37 所示系统增置开环极点或开环零点，分析对系统性能有何影响。

（5）分析得出提高系统稳定的措施有哪些。

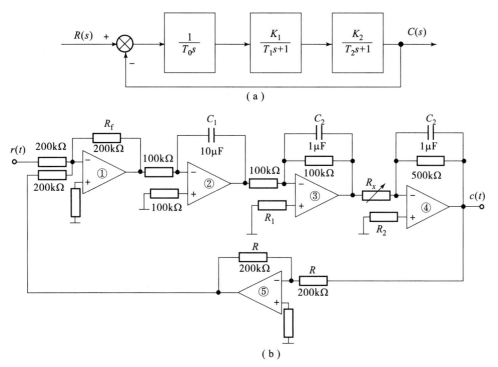

（a）

（b）

图 11 - 36　典型三阶控制系统

（a）典型三阶控制系统框图；（b）典型三阶控制系统模拟电路图

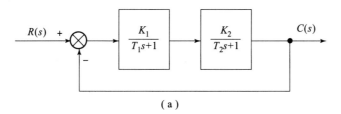

（a）

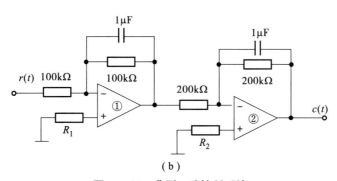

（b）

图 11 - 37　典型二阶控制系统

（a）典型二阶控制系统框图；（b）典型二阶控制系统模拟电路图

11.2.4　实验九　线性系统的稳态误差分析

11.2.4.1　实验目的

（1）了解同一系统在不同输入信号作用下的稳态误差。

（2）了解不同系统在同一输入信号作用下的稳态误差。

（3）研究系统的型别 v 及开环增益 K 对系统稳态误差的影响。

11.2.4.2　实验原理

选用不同型别的二阶线性系统为分析对象，改变系统开环增益 K 及输入信号的形式，观察系统稳态性能的变化。

11.2.4.3　实验内容

（1）利用 NI ELVIS 搭建图 11 – 38、图 11 – 39 和图 11 – 40 给出的不同型别的二阶系统。

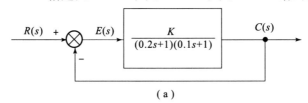

（a）

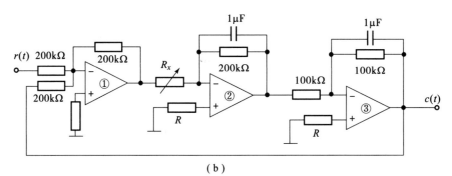

（b）

图 11 – 38　0 型二阶系统

（a）0 型二阶系统框图；（b）0 型二阶系统模拟电路图

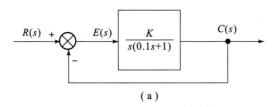

（a）

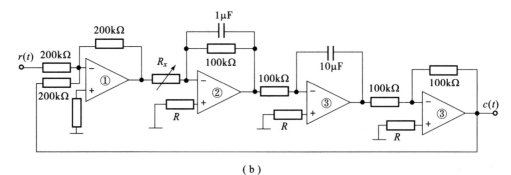

（b）

图 11 – 39　I 型二阶系统

（a）I 型二阶系统框图；（b）I 型二阶系统模拟电路图

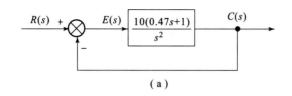

（a）

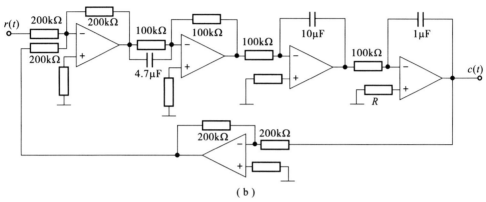

（b）

图 11 - 40　Ⅱ型二阶系统

（a）Ⅱ型二阶系统框图；（b）Ⅱ型二阶系统模拟电路图

（2）利用静态误差系数法，确定图 11 - 38、图 11 - 39 和 11 - 40 所示的不同型别的二阶系统在单位阶跃和单位斜波作用下的稳态误差；再适当改变系统的开环增益，计算分析系统稳定误差的变化。

（3）用实验测得图 11 - 38、图 11 - 39 和 11 - 40 所示的不同型别的二阶系统在单位阶跃和单位斜波作用下的稳态误差，以及系统稳定误差随系统开环增益的变化。

（4）分析为何 0 型系统不能跟踪斜波输入信号。

（5）探讨消除或减小稳态误差的措施。

11.3　系统校正

11.3.1　系统校正

当完成一个控制系统的初步设计后，如果控制系统的稳定性、响应速度及稳态误差等指标不符合设计要求，就需要进行系统校正。可采用根轨迹校正及频率法校正，校正中常用的性能指标有时域和频域指标。进行校正时，若给出的是超调量、调节时间及静态误差系数等时域特征量，则选用根轨迹进行系统校正；若给出的是谐振峰值、谐振频率、带宽频率、截止频率及稳定裕度等频域特征量，则选用频率法校正。

常用的控制系统校正方式分为串联校正、反馈校正、前置校正和复合校正，其中最常用的是串联校正和反馈校正。串联校正又分为超前校正、滞后校正及滞后超前校正。这些均属于频域校正法。

在采用频域校正法对系统进行校正时通常是以系统的开环对数频率特性为分析对象，分别使开环对数扶贫特性的低频、中频和高频满足以下要求：

（1）对低频段；要求具有足够高的放大系数；通过加入积分环节提高系统型别，以满足稳态误差的要求。

（2）对中频段：要求具有足够宽的幅值穿越频率 ω_c，并确保足够的相位裕度，开环对数幅频特性最好以 -20dB/dec 的斜率通过 0dB 线。

（3）对高频段：一般不做特殊设计，依靠控制对象自身的特性实现高频衰减，达到抑制高频噪声的目的。

11.3.1.1　串联超前校正

（1）超前补偿网络。若网络具有正的相位角，就称其为超前网络。超前校正是利用超前网络的相位超前特性提高系统的相位稳定裕度，用其幅频特性曲线的正斜率段增加系统的截止频率，从而改善系统的动态性能。

超前补偿网络的传递函数为：

$$G_c(s) = \frac{aTs+1}{Ts+1} = \frac{\dfrac{1}{\omega_1}s+1}{\dfrac{1}{\omega_2}s+1}(a>1,\omega_1<\omega_2) \tag{11-73}$$

式中，$\omega_1 = \dfrac{1}{aT}$，$\omega_2 = \dfrac{1}{T} = a\omega_1$，$a = \dfrac{\omega_2}{\omega_1}$。

超前补偿网络的相位角：

$$\angle G_c(j\omega) = \arctan\frac{aT\omega - T\omega}{1+aT^2\omega^2} \tag{11-74}$$

$\because a>1, \therefore \angle G_c(j\omega)>0$。再令 $\dfrac{d\angle G_c(j\omega)}{d\omega}=0$，求得相位角的最大值 $\angle G_{cm}(j\omega)$ 及对应的角频率 ω_m：

$$\begin{cases} \omega_m = \sqrt{\omega_1\omega_2} \Rightarrow \lg\omega_m = \dfrac{1}{2}(\lg\omega_1+\lg\omega_2) \\[2mm] \angle G_{cm}(j\omega_m) = \arctan\dfrac{a-1}{2\sqrt{a}} = \arcsin\dfrac{a-1}{a+1} \end{cases} \tag{11-75}$$

由式（11-75）可知：ω_m 为 ω_1 和 ω_2 的几何平均值；最大值 $\angle G_{cm}(j\omega)$ 只取决于参数 a。

图 11-41 为超前补偿网络的 Bode 图，图 11-42 为最大相位角 $\angle G_{cm}(j\omega)$ 与参数 a 的关系曲线。

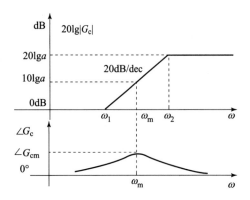

图 11-41　超前补偿网络的 Bode 图

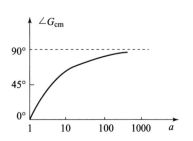

图 11-42　最大相位角与参数 a 的关系曲线

为充分发挥超前网络的作用，在进行系统校正时，尽量使其最大相位角发生在校正后的系统的幅值穿越频率 ω'_c 处。

（2）超前校正装置设计。

在设计一个超前校正装置时，一般按下面的步骤进行：

①根据系统稳态性能指标，确定系统的开环增益和闭环系统的型别；绘制待校正系统的开环幅频特性 $20\lg|G_0H|$；计算其稳定裕度及幅值穿越频率。

②确定设计好的系统应满足的频域指标 ω_c、γ 等。

③若 $20\lg|G_0H|$ 在要求的 ω_c 频段内的斜率为 $-40\mathrm{dB/dec}$、且幅值略小于 $0\mathrm{dB}$，则可用超前补偿；计算补偿网络应提供的超前相位角 $\angle G_c = \gamma - 180° - \angle G_0(j\omega_c)H(j\omega_c)$，若 $\angle G_c < 65°$，则可用超前补偿法。

④绘制校正后的系统的对数幅频特性图及补偿网络对数幅频特性图，并求出补偿网络参数 a 和 T 或 ω_1 和 ω_2。

⑤校核校正后的系统是否满足指标要求，若不满足，则从步骤③开始重新计算。

11.3.1.2 串联滞后校正

（1）滞后补偿网络。

若网络具有负的相位角，就称其为滞后网络。滞后补偿网络的传递函数为：

$$G_c(s) = \frac{aTs + 1}{Ts + 1} = \frac{\dfrac{1}{\omega_1}s + 1}{\dfrac{1}{\omega_2}s + 1}(a < 1, \omega_1 > \omega_2) \tag{11-76}$$

其中，$\omega_1 = \dfrac{1}{aT}$，$\omega_2 = \dfrac{1}{T} = a\omega_1$，$a = \dfrac{\omega_2}{\omega_1}$。

图 11-43 为滞后补偿网络的 Bode 图。利用滞后补偿网络对系统进行系统校正，并不是利用它的相位滞后特性，而是利用其幅值的高频衰减特性对系统进行校正。它使得待校正系统幅频特性的中频段和高频段降低，幅值穿越频率减小，从而使系统获得足够大的相位裕度。滞后校正主要用于提高系统的稳定性或是稳态精度有待进一步改善的情况。

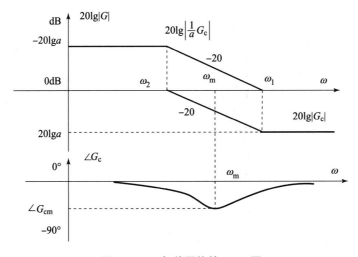

图 11-43　超前网络的 Bode 图

（2）滞后校正装置设计。

在设计一个滞后校正装置时，一般按下面的步骤进行：

①根据系统稳态性能指标，确定系统的开环增益和闭环系统的型别；绘制待校正系统的开环幅频特性 $20\lg|G_0H|$；计算其稳定裕度及幅值穿越频率。

②确定设计好的系统应满足的频域指标 ω_c、γ 等。

③若待校正系统的相位裕度不满足要求，则从待校正系统的相频特性曲线上找一点 $\omega_c = \omega'_c$（ω'_c 为校正后系统的幅值穿越频率），取该点处的相位角为：

$$\angle G(\omega'_c) = -180° + \gamma' + (5° \sim 15°) \tag{11-77}$$

其中，γ' 为系统的期望相位裕度，$5° \sim 15°$ 为滞后网络在 ω'_c 处引起的相位滞后量。

④绘制校正后的系统的对数幅频特性图及补偿网络对数幅频特性图，并求出补偿网络参数 a 和 T。

⑤校核校正后的系统是否满足指标要求。

11.3.1.3 串联滞后—超前校正

如果单用超前校正相位角不够大，不足以使相位裕度满足设计要求；而单用滞后校正幅值穿越频率太小，不能保证响应速度时，可采用滞后—超前校正。

（1）滞后—超前补偿网络。

滞后—超前补偿网络综合了滞后和超前网络各自的特点。可利用超前部分增大系统的裕度，以改善系统的动态性能；利用滞后部分改善系统的稳态性能。其传递函数可表示为：

$$G_c(s) = \frac{(aT_1s+1)(bT_2s+1)}{(T_1s+1)(T_2s+1)} = \frac{\left(\dfrac{1}{\omega_1}s+1\right)\left(\dfrac{1}{\omega_3}s+1\right)}{\left(\dfrac{1}{\omega_2}s+1\right)\left(\dfrac{1}{\omega_4}s+1\right)} \quad (a<1, b>1) \tag{11-78}$$

式中，$\omega_1 = \dfrac{1}{aT_1}, \omega_2 = \dfrac{1}{T_1}, \omega_3 = \dfrac{1}{bT_2}, \omega_4 = \dfrac{1}{T_2}$。

通常，$T_1 > T_2, \omega_2 < \omega_1 < \omega_3 < \omega_4$。图 11-44 为滞后—超前补偿网络的 Bode 图。

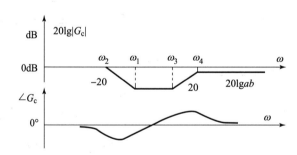

图 11-44　超前网络的 Bode 图

（2）滞后—超前校正装置设计。

滞后-超前校正装置设计的一般步骤。

①根据系统稳态性能指标要求，确定系统的开环增益和闭环系统的型别；绘制待校正系统的开环频率特性图；计算其稳定裕度及幅值穿越频率。

②在待校正系统的 Bode 图上选择相位角为 -180° 时的频率作为校正后系统的幅值穿越

频率 ω'_c。

③计算滞后校正网络的转折频率，$\omega_1 = 1/T_1 = 0.1\omega'_c$，并确定 a 的值。

④根据校正后系统在幅值穿越频率的幅值必须为 0dB 确定超前校正网络转折频率 $\omega_2 = 1/T_2$。

⑤校核校正后的系统是否满足指标要求。

11.3.2 实验十 系统的超前校正

11.3.2.1 实验目的

了解系统超前校正的实现过程。

11.3.2.2 实验内容

（1）利用 NI ELVIS 搭建图 11−45 所示待校正系统，通过实验了解并记录其动态性能及稳态性能。

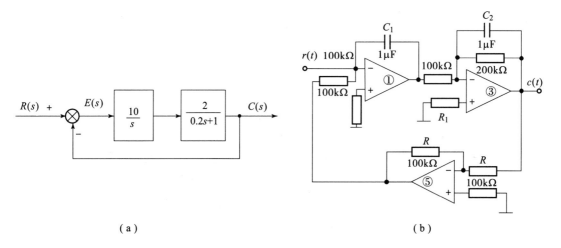

（a）

（b）

图 11−45 待校正系统

（a）待校正系统框图；（b）待校正系统的模拟电路图

（2）设计一个串联超前网络对图 11−45 所示系统进行校正，使校正后的系统的稳态速度误差系数 $K_v = 30$、相位裕度 $\gamma \geqslant 60°$。

可设串联超前网络传递函数为：$G_c(s) = K_c \dfrac{aTs + 1}{Ts + 1}, a > 1$

校正后的系统的传递函数为：$G(s) = G_c(s) \cdot G_0(s)$，其中 $G_0(s)$ 为待校正系统的传递函数。校正后的系统框图如图 11−46 所示。

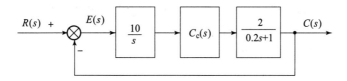

图 11−46 校正后的系统框图

（3）给出校正后的系统结构图及模拟电路图，利用 NI ELVIS 搭建校正后的系统，通过实验了解并记录其动态性能及稳态性能，并与校正前的系统性能进行比较。

（4）分析实验数据，从时域和频域两个方面总结分析超前校正对系统动态性能和稳定性能的影响。

11.3.3　实验十一　系统的滞后校正

11.3.3.1　实验目的

了解系统串联滞后校正的实现过程。

11.3.3.2　实验内容

（1）利用 NI ELVIS 搭建图 11－47 所示待校正系统，通过实验了解并记录其动态性能及稳态性能。

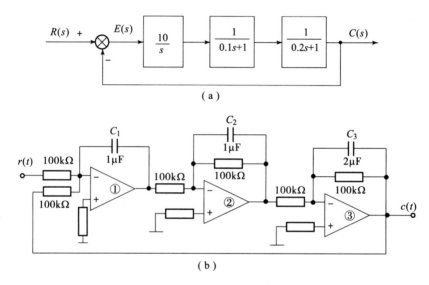

（a）

（b）

图 11－47　待校正系统

（a）待校正系统框图；（b）待校正系统的模拟电路图

（2）设计一个串联滞后网络对图 11－47 所示系统进行校正，使校正后的系统的稳态速度误差系数 $K_v = 10$ 、相位裕度 $\gamma \geqslant 45°$。

可设串联超前网络传递函数为：$G_c(s) = K_c \dfrac{aTs + 1}{Ts + 1}(a < 1)$

校正后的系统的传递函数为：$G(s) = G_c(s) \cdot G_0(s)$ ，其中 $G_0(s)$ 为待校正系统的传递函数。

（3）给出校正后的系统结构图及模拟电路图，利用 NI ELVIS 搭建校正后的系统，通过实验了解并记录其动态性能及稳态性能，并与校正前的系统性能进行比较。

（4）分析实验数据，从时域和频域两个方面总结分析滞后校正对系统动态性能和稳定性能的影响。

11.3.4　实验十二　系统的滞后—超前校正

11.3.4.1　实验目的

了解系统串联滞后 – 超前校正的实现过程。

11.3.4.2　实验内容

（1）利用 NI ELVIS 搭建图 11 – 48 所示待校正系统，通过实验了解并记录其动态性能及稳态性能。

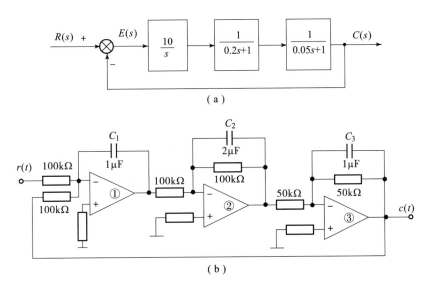

（a）

（b）

图 11 – 48　待校正系统

（a）待校正系统框图；（b）待校正系统的模拟电路图

（2）设计一个串联超前网络对图 11 – 48 所示系统进行校正，使校正后的系统的稳态速度误差系数 $K_v = 30$ 、相位裕度 $\gamma = 35° \pm 2°$。

（3）给出校正后的系统结构图及模拟电路图，利用 NI ELVIS 搭建校正后的系统，通过实验了解并记录其动态性能及稳态性能，并与校正前的系统性能进行比较。

（4）分析实验数据，从时域和频域两个方面总结分析超前校正对系统动态性能和稳定性能的影响。

第 12 章

设计型实验

12.1 实验十三 实时 PID 控制实验

12.1.1 实验目的

在原型实验板上搭建一阶惯性电路，设计 PID 控制器，使系统响应达到性能指标；借助 NI ELVIS 平台实现实时 PID 控制，掌握通道选择、任务设置等方面的内容，使学生更好地理解软、硬件在实际系统中的结合使用。

12.1.2 实验所需的软件前面板（SFP）

PID 控制软件前面板。

12.1.3 实验所需元器件

$1M\Omega$ 电阻，$1\mu F$ 电容，运算放大器。

12.1.4 实验内容

12.1.4.1 搭建一阶惯性电路

搭建一阶惯性电路作为被控过程，图 12 - 1 为其原理图。在原型实验板上

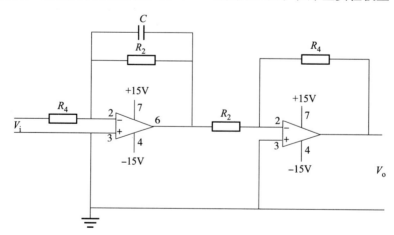

图 12 - 1 被控过程原理图

搭建此电路。其传递函数为：

$$G(s) = \frac{V_o(s)}{V_i(s)} = \frac{R_4 R_2}{R_3 R_1} \frac{1}{R_2 Cs + 1}$$

可取 $R_1 = R_2 = R_3 = R_4 = R = 1\mathrm{M}\Omega, C = 1\mu\mathrm{F}$，此时该过程为一个一阶时滞过程 $e^{-\tau s}/s + 1$。

12.1.4.2 设计 PID 控制器

设计 PID 控制器对上述一阶时滞过程进行闭环控制。其中，时滞部分可由软件实现，从 NI 实用帮手库调用"时滞闭环 PID 控制 . vi"。

程序前置板设置如图 12 – 2 所示。其左半部分别为仿真时间的设置、物理通道的选择和设置以及仿真参数的设置。图 12 – 3 为程序框图。

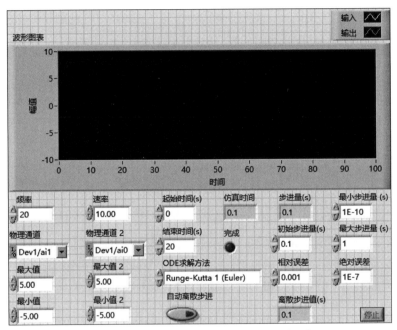

图 12 – 2 时滞系统闭环 PID 控制程序前置板

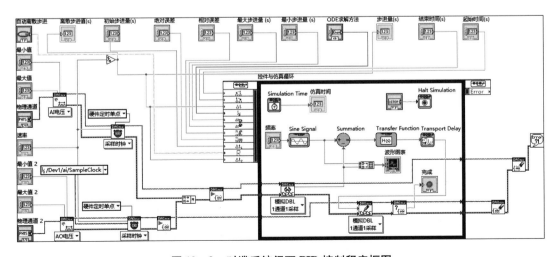

图 12 – 3 时滞系统闭环 PID 控制程序框图

（1）物理通道与虚拟通道的设置。

①物理通道是一个可以测量或产生一个模拟或数字信号的端口或引脚。若模拟输入通道为原型实验板的端口 ACH0 ~ ACH5，模拟输出通道为端口 DAC0 和 DAC1；数字输入为端口 DI0 ~ DI7，数字输出为端口 DO0 ~ DO7。

②虚拟通道是一个软件实体，包含物理通道及其他特定信息，如量程、端口配置等。程序中使用虚拟通道的选项为信号分配物理通道。

模拟输入的物理通道与虚拟通道选项的对应关系如表 12 - 1 所示。对于模拟输出而言，物理通道 DAC0 和 DAC1 分别对应虚拟通道 Dev/a_o1 和 Dev/a_o2。

表 12 - 1　物理通道与虚拟通道对应表（模拟输入）

物理通道	ACH0	ACH1	ACH2	ACH3	ACH4	ACH5	ACH6	ACH7
虚拟通道	Dev/a_i0	Dev/a_i1	Dev/a_i2	Dev/a_i3	Dev/a_i4	Dev/a_i5	Dev/a_i6	Dev/a_i7

图 12 - 4 为虚拟通道配置示例：原型实验板上选择 ACH1 作为模拟输入通道，程序中虚拟通道应选择 Dev/a_i1；原型实验板上选择 DAC0 作为模拟输出通道，程序中虚拟通道应选择 Dev/a_o1。

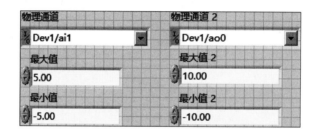

图 12 - 4　虚拟通道配置示例

（2）任务的创建与配置。

任务是一个或多个通道、定时、触发及应用于任务本书的属性的集合。一个任务表示用户想做的一次测量或一次信号发生。任务的所有配置信息可以设置和保存，在应用程序中可使用这个任务。对于信号的实时采集，任务是程序中必不可少的部分。任务创建和配置如图 12 - 5 所示。

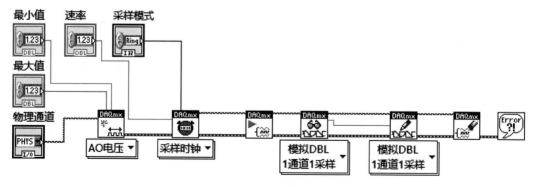

图 12 - 5　闭环时滞系统信号采集程序框图

创建和配置一个任务时需调用 DAQmx Start function 等 VI。步骤如下：

①调用 DAQmx Create Channel VI 创建一个模拟输入电压/输出电压的通道。

②调用 DAQmx Timing VI，设置采样率，将采样模式设置为 Finite Samples，连续采样时设置为 Continuous Samples；多点模拟输出时选用 Finite Samples，连续模拟输出时设置为 Continuous Samples。

③调用 DAQmx Start VI。

④调用 DAQmx Write VI，将模拟输入数据写到缓冲区。

⑤调用 DAQmx Read VI，使用缓冲区的数据开始模拟输出。

⑥调用 DAQmx Clear Task VI 清除任务，停止模拟输出，释放缓存 DAQ 上的资源。

（3）被控过程的实现。

若将本实验的被控过程视为一阶时滞过程：$e^{-\tau s}/s + 1$，取 $\tau = 0.5$。用软件实现其时滞部分，图 12 - 6 所示为时滞模块 VI。

Transport Delay

图 12 - 6　时滞模块 VI

（4）PID 控制器设计。

PID 控制器包括比例、积分、微分三部分。增加比例环节的增益可减小系统的稳态误差，提高系统的控制精度，但增益过大会降低系统的稳定性，或造成闭环系统不稳定；积分环节可改善系统的稳态性能，但会引起控制信号相位滞后，对系统的稳定性不利；微分环节可改善系统的动态性能，且可使控制信号相位超前，提高系统相位裕度，增加系统的稳定性，但微分器对系统噪声很敏感。PID 控制器将这三个环节配合使用可获得良好的控制效果。

本实验的 PID 控制器的传递函数为：$G(s) = K\left(1 + \dfrac{1}{sT_1} + \dfrac{sT_2}{asT_2 + 1}\right)$，其中，$K$ 为比例增益，T_1 为积分时间，T_2 为微分时间。

取 $K = 2, T_1 = 1.5, T_2 = 0.2, a = 0.1$；将电路的输入接模拟输出 DAC0，电路输出接模拟输入 ACH1$_+$，物理通道接 Dev1/a_{i0} 和 Dev1/a_{i1}；运行程序，测得时滞系统 PID 控制响应曲线。

改变电路中的电阻或电容值，调整 PID 参数，观察对系统有何影响。

12.2　实验十四　数字温度计实验

热敏电阻是一种用半导体材料制造的元件，具有非线性响应和负温度系数。可用于在一定范围内测量温度的传感器中。

12.2.1　实验目的

介绍 NI ELVIS II 可变电源（VPS），可与工作台面板控件或嵌入到 LabVIEW 程序中的虚拟控件一起使用。VPS 激励分压电路中的阻值为 10kΩ 热敏电阻。热敏电阻两端的电压与其阻值有关，而阻值又随温度发生变化，因此测量得到的热敏电阻两端的电压就与温度相关。本实验演示了 LabVIEW 的输入和显示控件，结合 NI ELVIS API 构建的数字温度计。图 12 - 7 为设计好的数字温度计前置板。

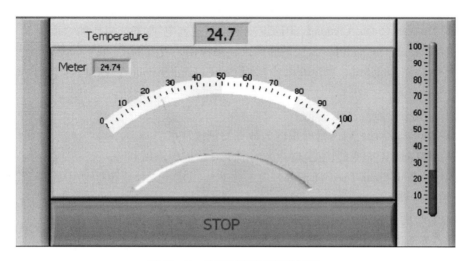

图 12 – 7　数字温度计应用前置板

12.2.2　实验所需的软件前面板（SFP）

数字欧姆表 DMM［Ω］，数字电压表 DMM［V］，可变电源（VPS）。

12.2.3　实验所需元器件

10kΩ 电阻 R_1，10kΩ 热面电阻 R_T。

12.2.4　实验内容

（1）测量电阻元件阻值。

启动 NI ELVIS Ⅱ，选择数字万用表，点击"Ω"按钮，将测试接头分别连接到数字万用表的"VΩ"和"COM"端，分别测量 10kΩ 电阻和热面电阻，填入空白处：10kΩ 电阻＿＿＿＿ Ω，热面电阻＿＿＿＿ Ω。保持连接热敏电阻的状态下，将热敏电阻拿在指尖处，使它升温，观察电阻变化。

（2）操作可变电源。

①在软件前面板菜单中，选择"VPS"图标。NI ELVIS Ⅱ 有两个可控电源：– 12V ~ 0 和 0 ~ + 12V，每个电源的最大输出电流均为 500mA。图 12 – 8 为可变电源的虚拟软件前面板。

②在默认模式下，使用上述虚拟面板控制VPS，在虚拟旋钮上设置输出电压，点击"运行"对话框。输出电压显示在所选择的电源的上方显示区域（以蓝色显示）。在点击"停止"按钮之后，原型板的输出电压被重置为 0。要将输出电压在一

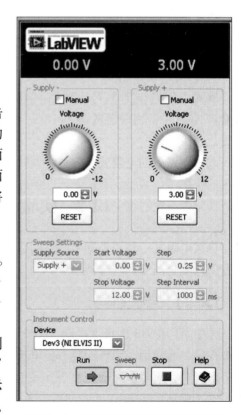

图 12 – 8　可变电源的虚拟软件前面板

定的电压范围内扫描，先确保按下"停止"按钮。选择电源（＋或－）、开始电压、停止电压、阶跃大小、阶跃间隔，点击"扫描"。

③将接头从标有 VPS"Supply＋"和"Ground"的原型板接头，连接到 DMM 电压输入上；选择 DMM"V"，点击"运行"；选择 VPS 前面板，点击"运行"；旋转虚拟 VPS 的 Supply＋控件，观察在 DMM［V］上的电压变化。可用"RESET"按钮快速将电压重置为零。

④点击手动栏，激活工作站右侧的真实控件，虚拟控件显示为灰色，NI ELVIS II 工作站的绿色手动模式 LED 点亮；旋转"Supply＋"电源旋钮，观察 DMM 上的变化。

VPS Supply － 的工作方式完全相同，只是输出电压是负的。

（3）热敏电阻电路。

①在工作站原型板上用 10kΩ 电阻和一个热面电阻搭建如图 12 － 9 所示的分压电路。输入电压分别连接到"VPS＋"和"Ground"接头上。用 DMM"V"接头连接到热敏电阻两端，测量其两端的电压 V_T。

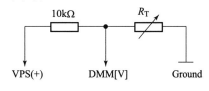

图 12 － 9　热敏电阻测温电路

②选用 VPS（＋），将电压从 0 增加至 ＋5V 时，热敏电阻两端的电压 V_T 应增加至 2.5V；将电源电压减小至 ＋3V 时，用手指尖加热热敏电阻，观察电压 V_T 的下降情况，按式（12 － 1）所示的比例函数计算热敏电阻阻抗

$$R_T = R_1 \cdot V_T / (3 - V_T) \tag{12 － 1}$$

式中，$R_1 = 10kΩ$。

③可将测得的电压值转换为热敏电阻的阻值。在 25℃ 的环境温度下，热敏电阻的阻值约为 10kΩ。

（4）构建 NI ELVIS 虚拟数字温度计。

数字温度计程序 Digital Thermometer. vi 使用 VPS 为热敏电阻电路供电，读出热敏电阻两端的电压值，再将其转换为温度值；也可自己编写 LabVIEW 应用程序。图 12 － 10 为数字温度计程序的框图。利用 While 循环以序列的形式顺序完成测量、比例变化、标定及显示温度。VoltsIn. vi 测量热敏电阻两端的电压，Scaling. vi 将测量的电压根据上述比例方程转化为

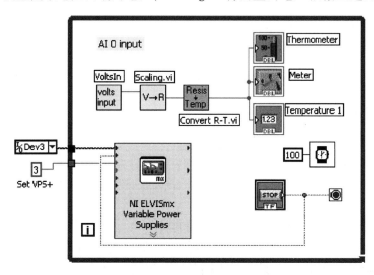

图 12 － 10　数字温度计程序的框图

电阻值，Convert R – T. vi 用已知的标定曲线将电阻值转化为温度值，最后将温度以数字、仪表读数以及温度计的形式显示在 LabVIEW 的前面板上。可将等待函数设定为 100ms 确保每 0. 1s 进行一次电压采样。这一过程在 while 循环中执行，直至点击前面板上的"停止"按钮，同时 VPS 置为 0V。

需要注意的是，热敏电阻和电阻一样，在有电流通过时会产生焦耳热。为避免对温度测量的影响，通常采用的方法是尽可能减小通过电阻中的电流，使外界的温度效应远大于电流所产生的热效应。对于 10kΩ 的热敏电阻，驱动电流为 +3 V 时可满足此要求。

（5）兴趣实验——使用热敏电阻电路设计体温表。人在尴尬、激动或是觉得热的时候，血液会流向皮肤以便保持身体核心温度恒定。流向皮肤的血液看上去发红，温度也会升高。有些人说谎时耳垂会变红。将热敏电阻放置在发红的部位，可以测到温度上升。设计一个 LabVIEW 程序对身体皮肤的温度进行测量。正常体温 36. 5℃，作为 LabVIEW 温度计控件的最大读数；使用环境室温（25℃）作为读数的下限。在设计前面板时可加入一些创意。可在 NI ELVIS II 动手库文件夹中，打开 Passion Meter. vi。

12.3 实验十五 自由空间光通信实验

日常使用的遥控开关实际上是一种自由空间光通信传输器，由发射器和接收器组成。

12.3.1 实验目的

利用一个红外光源在自由空间与一个光电晶体管检测装置进行信息通信。典型的调制方式有幅值调制与非归零（NRZ）数字调制。

12.3.2 实验所需的软件前面板（SFP）

双线电流——电压波形分析仪，三线电流—电压波形分析仪，函数发生器，示波器，数字信号输出（DigOut）。

12.3.3 实验所需元器件

220Ω 电阻，470Ω 电阻，1kΩ 电阻，22kΩ 电阻，0. 01μF 电容，0. 5μF 电容，红外发射器（LED），红外检测装置（光敏晶体管），2N3904 NPN 晶体管，555 定时器。

12.3.4 实验内容

（1）光敏晶体管特征曲线。

①晶体管是电流控制型的放大器。将 2N3904 晶体管插入 NI ELVIS II 面包板，将其发射极、基极和集电极的管脚分别与引脚插座 DUT₋端、BASE 端和 DUT₊端相连，如图 12 – 11 所示。

②启动 NI ELVISmx 仪器启动程序，并选择电流—电压波形分析仪（3 – 线）；给面包板加电；在如图 12 – 12 所示的三线电流—电压分析仪的软前置板上设置基极电流和集电极电压，并点击"运行"。图 12 – 12 显示了不同基极电流所对应的集电极电流及相应的集电极电压值。运行时，软前置板首先输出一个基极电流，然后输出集电极电压，最后测量得到集

电极电流。对每个不同的基极电流，都有一簇（I，V）曲线。随着程序的运行，可以观察到对于一个给定的集电极电压，该集电极电流随基极电流的增加而增加。

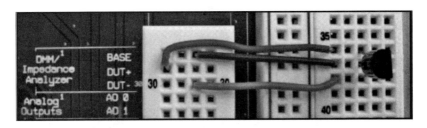

图 12－11　用于 3－线晶体管曲线记录测量实验的连线

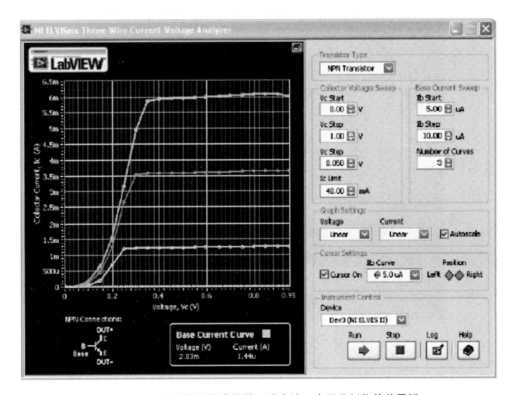

图 12－12　晶体管特性曲线的三线电流—电压分析仪软前置板

③光敏晶体管没有基极管脚，取而代之的是用光照射在晶体管上产生一个与光强成比例的基极电流。例如，无光照时，光敏晶体管的特征曲线为图 12－12 中最下面的曲线；弱光照时，为图 12－12 中部的曲线；对于更强的光照，则为图 12－12 上部的曲线。当集电极电压大于 0.4V 时，集电极电流与照射在基极区域的光强呈近似线性关系。

④用一个供电电源、一个限流电阻和一个光敏晶体管可构建一个光检测装置，如图 12－13 所示。

⑤实验完毕，关闭所有软前置板。

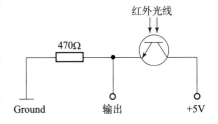

图 12－13　光敏晶体管连线示意图

（2）红外光源及测试电路。

光发射器由两个元件组成，它们是正向偏置型的红外（IR）LED 和限流电阻。

①测试 IR LED 的电压—电流曲线时，将其与 DMM/阻抗分析仪的引脚插座"DUT₊"和"DUT_"相连接；确保该 LED 的正极（短引线端）与"DUT_"相连接；在 NI ELVISmx 仪器启动程序中选择双线电流—电压分析仪。将电压扫描参数设置为：起始电压 0.0V、停止电压 +2.0V、电压增量 0.05V；然后点击"运行"，得到如图 12 – 14 所示的 IR LED 的 I – V 特征曲线。

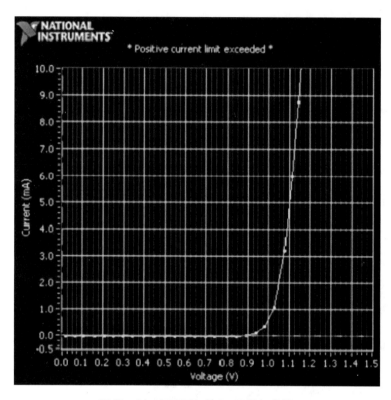

图 12 – 14　IR LED 的 I – V 特征曲线

②在原型实验板上构建如图 12 – 15 所示的 LED 发射器电路和光敏晶体管检测装置电路。红外线发射器 LED 的电源接到函数发生器的输出端，光敏晶体管的输出接到 ACH（0）插孔。

③结束之后关闭所有软前置板。

（3）自由空间 IR 光链路（模拟）。

①完成自由空间光链路的测试。

②启动 NI ELVIS 仪器，选择函数发生器（FGNE）和示波器。函数发生器为发射器提供待传输的模拟信号；示波器检测 CH0 上的输入信号并通过 CH1 输出该信号。

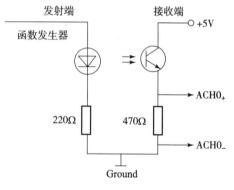

图 12 – 15　LED 发射器电路和
光敏晶体管检测装置电路

③为了在 LED 上传输一个模拟信号，需使用一个大于其导通电压（~1V）的偏置电压，使 LED 处于正向偏置区。在函数发生器的软前置板上，设置 +1.5V 的偏置电压；其他参数的设置：电压幅值 0.5V、波形为正弦波、频率 1kHz；运行该函数发生器和示波器，观测所传输和接收的信号；改变该偏置电压和幅值水平，当接收到的正弦波波形开始发生畸变时，该发射器开始变为非线性；寻找最佳的偏置电压值，此时信号幅值的畸变应是最小的。至此，该 IR 光链路就绪，可以发送数据了。

（4）幅值与频率调制模拟。

在 NI ELVIS Ⅱ 面包板上，将模拟输出引脚插座"AO 0"和"AO 1"分别与函数发生器的幅值调制"AM IN"和频率调制"FM IN"引脚插座相连；启动 LabVIEW，从 NI ELVIS Ⅱ 入门 VI 库中选择 Modulation. vi，该程序将一个 DC 信号从 NI ELVIS Ⅱ 的模拟输出端发送至函数发生器的调制输入端，生成幅值调制或频率调制信号。该调制信号被转换为强度调制的光信号，通过自由空间光链路发送出去。光敏晶体管检测到该信号，并将其重新转换为电信号。经过上述步骤，就为一个模拟信号创建了一个基本的自由空间光通信链路。之后关闭所有软前置板和 LabVIEW 程序。

（5）自由空间 IR 光链路（数字）。

①日常中使用的 IR 遥控器采用被称为 NRZ 的特殊编码策略。高电平标志为 40Hz 方波脉冲，低电平标志为无信号，该方波脉冲可用 555 定时器产生。如图 12 – 14 所示为与光链路相连接的脉冲序列振荡器，一个数字开关与 555 的引脚 4"复位"相连。当该开关处于高电平时，生成一个 40Hz 方波脉冲；当开关处于低电平时，没有脉冲波形产生。

②为演示该调制策略，采用一个 1.0kHz 的声音脉冲，以方便在示波器上进行观测。所用器件及参数如图 12 – 16 所示。

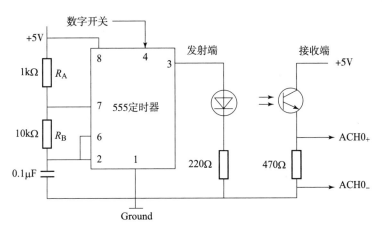

图 12 – 16　与光链路相连接的脉冲序列振荡器

③启动 NI ELVIS，选择示波器和数字输出程序（DigOut）；选择示波器 CH0 作为信号源、边缘触发、CH0 信号源和 1.0V 电平。在实验过程中，每将数字输出程序的 0 位（DO 0）设置为高电平时，示波器将显示 1 kHz 的脉冲信号；当 0 位为低电平时，示波器上将无信号显示。

12.4 实验十六 直流电机转速的测量及闭环控制

12.4.1 实验目的

使用 NI ELVIS II 的 VPS 运行并控制小型直流电机的速度。对自由空间 IR 链路进行适当修改，搭建一个转速计测量电机转速；利用电机、转速计和 LabVIEW 程序，设计一个电机转速计算机自动控制系统。

12.4.2 实验所需的软件前面板（SFP）

可变电源 VPS，示波器（OSC），LabVIEW。

12.4.3 实验所需元器件

1kΩ 电阻，10kΩ 电阻，红外发光二极管 IR LED 及光敏晶体管模块，直流电机。

12.4.4 实验内容

（1）电机实验。

将直流电机连接到 VPS 输出端，即 SUPPLY₊ 和 GROUND；启动 NI ELVIS 仪器，选择 VPS，调出可变电源软前置板界面，通过 ELVIS 上的手动 VPS 旋钮或 VPS 软面板上的控件对电机进行控制和测试。

（2）转速计实验。

①使用红外 LED 和光敏晶体管，或一个集成式 LED/光敏晶体管模块，搭建一个简单的运动传感器，图 12 – 17 为其电路图。

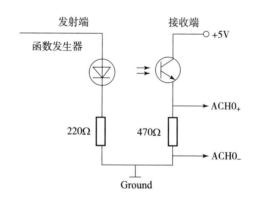

图 12 – 17 集成式 LED/光敏晶体管模块电路原理图

②内部的 LED 被用作光源，1kΩ 的电阻与 LED 串联起到限流的作用；在光敏晶体管的发射极和地之间接入一个 10kΩ 的电阻，光敏晶体管的集电极与 LED 接到同一个 +5V 电源。所以，10kΩ 电阻两端的电压就是光敏晶体管的信号，或者说是转速计的信号，将其分别接到引脚 ACH4 + 和 ACH4_；启动 NI ELVIS，选择示波器，按图 12 – 18 所示设置参数；给原型板通电，并运行示波器的 SFP，将一页纸片移过红外运动传感器，可以看见示波器的显示

发生变化（高—低—高）；将一把多齿梳子放置在传感器的红外光束中，像拉锯一样来回拖移梳子，将产生类似图 12-18 所示的一组连续的脉冲波形。可尝试大小不同、齿数不同的梳子，每把梳子都会产生自己的特征波形。

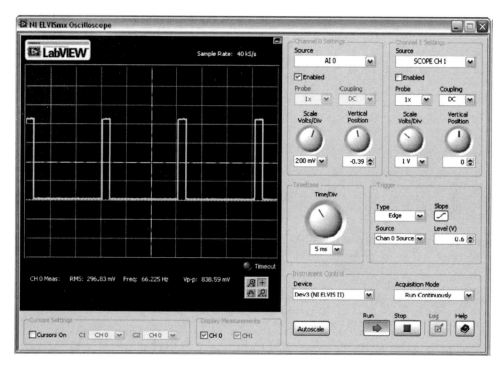

图 12-18　示波器上显示的转速计信号

（3）旋转运动系统实验。

旋转运动演示系统由一个受可变电源控制的直流电机和一个配置成转速计的红外运动传感器组成。

①转速计的配置：在电动机的转轴上附加一个直径为 3cm 的圆盘；在圆盘的圆周上裁出一个尺寸为 2mm×1mm 的小槽，在圆心位置打一个小孔；将该圆盘固定到电动机转轴的尾部，确保小槽与红外发射/接收光束垂直。电动机每旋转一周生成一个脉冲信号。图 12-19 为测量转速系统示意图。

②测试旋转运动系统的步骤：给原型板上电，运行电机，采用 NI ELVIS II VPS 软面板控制电机转速；调整电机位置，确保圆盘不会碰到传感器的凹槽；在示波器中观察旋转电机所生成的脉冲信号。

（4）转速的 LabVIEW 测量实验。

①在 LabVIEW 的菜单函数→编程→模拟波形→波形测量中，有多个适于测量连续波形时间周期的 VI。可以使用 Pulse Measurements. vi 测量波形的周期、脉冲持续时间和占空比。如图 12-20 所示。

②将周期转换成频率，再乘以 60 获得 RPM（转/每分钟）数值。将该数值除以 1 000，即可获得 kRPM（千转/每分钟）值。

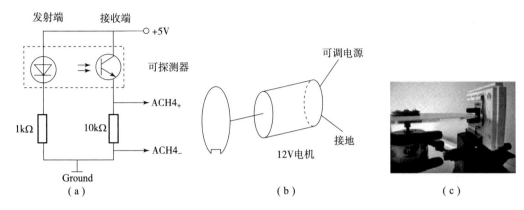

图 12 - 19　电机转速测量

（a）运动传感器电路；（b）电机部分；（c）安装示意图

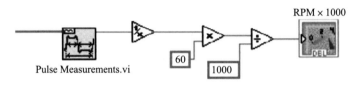

图 12 - 20　电机测速程序框图

③启动 LabVIEW，从 Hands - On - NI ELVIS II 库文件中打开电机测速程序 RPM. vi。采用 DAQ 助手，采样转速计的电压信号，同时为 Pulse Measurements. vi 提供一个输入信号数组。将 RPM 信号显示在前面板上，并以 kRPM 显示。kRPM 信号输入到 5 位移位寄存器，从而可在前面板上显示平均的 RPM 信号。可通过前面板上的 Setpoint 旋钮，手动控制电机转速。在前面板上，还有一个转速计信号图，如图 12 - 21 所示。运行 VI 启动电机，快速改变 RMP 的设置值，观察电机如何响应。

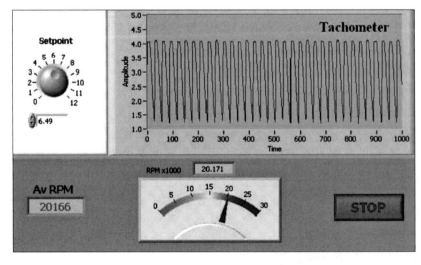

图 12 - 21　LabVIEW 转速计和电机控制电路前面板

（5）兴趣实验——旋转运动系统的计算机自动化设计。

①NI 提供了 LabVIEW PID 控制工具包。工具包中的 VI，可为旋转系统添加计算机自动化功能。这些控制算法以最优方式将系统的 RPM 从一个设置值（RPM 初值）改变为另一个设置值（RPM 终值）。PID. vi 算法将目标 RPM 与当前 RPM 进行比较，生成一个驱动 VPS 的直流误差反馈信号。积分和微分参数用于调整 VPS 电压使其从一个测量点平稳过渡到下一个点，图 12 – 22 为一个 PID 软模块。

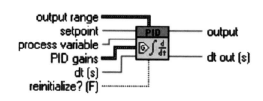

图 12 – 22　PID 软模块

②一个 VI（PID Autotuning. vi）可用于自动设置 PID 的参数，对电机进行闭环控制；也可针对具体的系统对参数进行微调。在 NI ELVIS 实用帮手库中选择"电机测速 – PID. vi"，可调出程序框图及前置板。改变 PID 参数，观察对系统响应的影响。

参 考 文 献

［1］胡寿松.自动控制原理［M］.7版.北京：科学出版社，2019.

［2］卢京潮.自动控制原理［M］.北京：清华大学出版社，2018.

［3］梅晓蓉.自动控制原理［M］.4版.北京：科学出版社，2017.

［4］杨平，余洁，徐春梅，徐晓丽.自动控制原理——实验与实践篇［M］.3版.北京：中国电力出版社，2019.

［5］丁红，贾玉瑛.自动控制原理实验教程［M］.北京：北京大学出版社，2015.

［6］郑勇，徐继宁，胡敦利，李艳杰.自动控制原理实验教程［M］.北京：国防工业出版社，2010.

［7］天工在线.LabVIEW 2018 从入门到精通：实战案例版［M］.北京：中国水利水电出版社，2020.

［8］约翰 艾希克.LabVIEW 教程——由浅入深的范例学习［M］.邓科，译.2版.北京：电子工业出版社，2017.

［9］王秀萍，余金华，林丽莉.LabVIEW 与 NI－ELVIS 实验教程——入门与进阶［M］.杭州：浙江大学出版社，2012.

［10］夏江华，王婷婷，汤素丽，李涛，杨丽.LabVIEW 虚拟仪器入门与实例训练［M］.北京：北京航空航天大学出版社，2021.

［11］达尔豪斯大学.电子学教育平台实验教程 NI－ELVIS II，Multisim，LabVIEW ™［PDF 文档］.2012.

［12］NI 公司.NI ELVIS Computer-Based Instrumentation［G］.2012.